행운을 부르는 탄생석,

김지아의 당신의 시그니처가 되다
보석 이야기

행운을 부르는 탄생석,

김지아의 당신의 시그니처가 되다
보석 이야기

초판 1쇄 발행 ㅣ 2018년 6월 10일
2쇄 발행 ㅣ 2022년 3월 25일

글·그림 ㅣ 김지아
발행인 ㅣ 김남석

발행처 ㅣ ㈜대원사
주   소 ㅣ 06342 서울시 강남구 양재대로 55길 37, 302
전   화 ㅣ (02)757-6711, 6717~9
팩시밀리 ㅣ (02)775-8043
등록번호 ㅣ 제3-191호
홈페이지 ㅣ http://www.daewonsa.co.kr

Daewonsa Publishing Co., Ltd
Printed in Korea 2018

ISBN ㅣ 978-89-369-2036-4

이 책의 국립중앙도서관 출판시 도서목록(CIP)은 e-CIP홈페이지(http://www.nl.go.kr/ecip)에서
이용하실 수 있습니다. (CIP제어번호 : CIP2018015362)

행운을 부르는 탄생석,

김지아의 당신의 시그니처가 되다
보석 이야기

글·그림 ㅣ 김지아

대원사

당당하고 세련된 나,
내 안의 보석을 깨우다

주변에서 이런 말을 자주 듣곤 한다.

"난 보석을 잘 몰라요."

"난 보석에 관심 없어."

이렇게 보석이 멀게 느껴지는 건 아마도 보석은 비싸다, 어려워서 잘 모른다, 화려한 건 싫어 관심 없다 등 여러 이유가 있을 것이다. 하지만 그것도 잠시, 자신의 탄생석에 대한 재미난 이야기와 의미를 알려 주면 반응이 완전히 달라진다.

"정말? 너무 재밌다~."

"이런 탄생석은 어디서 살 수 있어?"

"사고 싶다."

특히 탄생석의 '행운'에 대한 이야기를 할 때면 누구든 눈빛이 빛난다.

반응이 이렇게 적극적으로 바뀌는 건 왜일까? 아마도 탄생석이 자신의 '수호천사' 같다는 생각이 들어서인 것 같다. 보석을 바라보는 입장은 싫다가 아닌 낯섦이 맞는 표현인 것 같다.

2000년 CJ홈쇼핑의 신입 쇼호스트 시절, 신입으로서는 어렵게 단독 보석 프로그램 〈나이트 주얼리쇼〉를 맡았다. 그때를 생각하면 얼마나 기쁘고 설레었는지, 그리고 얼마나 긴장되고 책임감에 마음이 무거웠는지 모른다.

20년 가까운 시간이 지난 지금, 홈쇼핑 주얼리 방송도 많이 변했고 고객들도 많이 달라졌다. 그러나 그 오랜 세월이 지나도 결코 변하지 않은 것이 있다. 그것은 바로 대중들, 특히 여성들의 주얼리에 대한 관심과 사랑이다. 지금도 홈쇼핑 주얼리 방송은 시청률이 높다. 역시 여성과 주얼리는 떼려야 뗄 수 없는 관계임에는 틀림없다.

　2000년, GIA 국제보석감정사 자격을 취득했다. 보석 공부를 하다 보니 전문서가 아니더라도 편하게 읽을 수 있는 보석책에 대한 아쉬움이 생겼고, 그 마음이 동기가 되어 이 책을 출간할 엄두를 내기 시작했다 .

　20년 가까이 주얼리 방송을 진행하다 보니, 희한하게도 TV 홈쇼핑의 불특정 다수 고객과도 마음이 통하게 된다. 평상시 주얼리 샵에 가기 쉽지 않았는데 TV홈쇼핑을 통해 주얼리를 구입하고 너무 즐겁다는 고객도 만나게 된다. 이 책을 읽는 독자들도 주얼리를 통해 자신의 이미지를 한층 더 아름답게 업그레이드하는 즐거움을 누렸으면 좋겠다. 편하게 보석을 알아가시길 바라는 마음으로 직접 그림을 그려서 삽입했다. 그림책 같은 재미난 보석책이 여러분을 아름다운 보석의 세계로 인도할 것이라고 믿는다.

　마음에 드는 주얼리 하나가
　말보다 더 강한 당신의 시그니처가 되어
　하루하루를 더욱 특별하고 행복하게 만들어 주기를 바라는 마음이다.

　　　　　　　　　　　　　　　　　　　　　보석 주얼리 쇼호스트 김지아

차 례

01

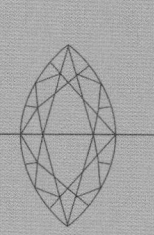

보석

보석의 의미

   '보석은 무엇이라고 생각하느냐'는 질문을 받으면, 선뜻 한마디로 대답하기 곤란하다. 보석의 조건은 생각보다 까다롭기 때문이다. 전문적으로 보석 공부를 하기 전에는 나도 보석은 그저 '비싼 돌', '반짝이는 예쁜 돌'이라고 생각했었다. 그러나 보석의 조건은 꽤 까다롭다.

   국어사전에서 보석의 의미를 찾아보면 "단단하고 빛깔이 곱고 반짝거려서 목걸이, 반지 따위의 장신구를 만드는 데 쓰이는 값이 비싼 돌"이라고 정의되어 있다. '그렇다면 돌이 아닌 진주나 산호, 호박과 같은 장신구는 보석이 아니란 말인가? 그런데도 왜 그렇게 비쌀까?' 하는 의문이 든다. 그런데 결론부터 말하자면 모두 보석이다. 진주, 산호, 호박 들도 모두 자연에서 나온 유기물질로, 보석에 포함된다.

명확하게 보석을 정의하기란 다소 복합적이면서도 다양한 조건을 필요로 한다. 보석이라고 정의하는 보편적인 보석의 조건에 대해 정리해 보도록 하자. 보석이 되기 위한 조건은 여러 가지가 있지만 크게 다섯 가지로 나눌 수 있다.

그 첫 번째 조건은 '아름다움'이다. 아름답지 않으면 보석으로서의 존재 가치는 거의 없다고 해도 과언이 아니다. 아름다움이야말로 돌과 보석이 구분되는 가장 중요한 요건이다.

두 번째 조건은 '희소성'이다. 보석은 희귀해야 한다. 운동장이나 집 앞마당에 나뒹구는 흔한 돌멩이를 연마한다고 해서 보석이 될 수는 없는 것, 그 기준은 귀하디귀해 희소한가 그렇지 않은가의 차이이다. 보석은 희소함으로써 가치를 높이고 있다.

세 번째 보석의 조건은 '휴대성'이다. 아름답고 희귀하다고만 해서 보석이라고 말하지 않는다. 그 조건만으로 보석이라고 한다면 세상에 단 한 점밖에 없는 조형물들도 보석이 된단 말인가? 그러나 그 조형물들은 '보물'이라고 말할지언정 '보석'이라고는 말하지 않는다. 우리가 보석이라 말할 수 있는 조건 중 하나는 바로 휴대할 수 있느냐, 없느냐에 달려 있다. 보석은 휴대하여 장신구로서의 장식 효과와 화려함을 뽐낼 수 있어야 한다.

네 번째 조건은 견고해야 한다. 견고한 내구성이 있는 단단한 돌이 보석이 될 수 있다. 쉽게 부서지고 오래도록 간직할 수 없다면 보석으로서의 가치는 없는 것이다.

마지막으로 다섯 번째 조건은 전통성이 있어야 한다. 예로부터 오랜 동안 사람들이 선호했던 것을 보석이라고 말할 수 있다. 수 억만 년 전에 존재하고 있었다고 하더라도 사람들이 선호하지 않으면 그것은 보석으로서의 가치가 없는 것으로, 어쩜 당연한 말일 것이다. 소유하길 원하는데 희소해서 얻기 어려운 것이 바로 진정한 보석이리라. 또, 보석은 사람들에게 애호되어온 오랜 시간성과 함께 그 안에 히스토리가 있어야 한다. 예를 들면, 영국 여왕의 왕관에 세팅되어 있는 코이누르(Kohi-Noor) 다이아몬드는 우리에게 흥미를 주기에 충분한 보석이다. 왜냐하면 믿거나 말거나 저주의 히스토리가 내려오기 때문이다.

코이누르는 역사적으로 유명한 다이아몬드 중 하나로, 세계 최고(最古)의 인도산 다이아몬드다. 그 역사는 1304년으로 거슬러 올라간다. 코이누르는 페르시아어로 '빛의 산'이라는 뜻으로, 그 휘광성은 어마어마할 정도라고 한다. 그런데 이 다이아몬드를 갖게 되는 남자는 죽는다는 전설이 있어 코이누르의 착용은 여왕에게만 허락된다고 한다. 이 다이아몬드는 무

코이누르 다이아몬드로 장식된 영국 왕비의 왕관(1902)

보석의 다섯 가지 조건

굴 제국 왕가의 소유물이었다가 1849년 영국의 펀자브 지방 합병과 함께 영국 왕실 손으로 넘어가 지금은 영국 여왕의 왕관에 세팅되어 있다.

지금까지의 내용을 정리하자면, 고귀한 보석이란 아름답고 결코 흔하지 않아야 하며, 휴대할 수 있는 견고함, 그리고 오랜 시간에 걸쳐 그 가치가 인정되어온 것을 말한다.

이 넓은 지구에서 보석으로 인정받을 수 있는 광물을 분류하자면 수천 가지의 광물 중 고작 100여 종에 불과하다고 한다. 그 분류된 보석을 또다시 '귀석'과 '반보석'으로 나누는데, 경도가 7도 이상으로서 광택과 색채가 아름다운 것을 귀보석으로 나눈다.

인류의 오랜 친구, 귀걸이

요즘에는 특히 귀걸이에 대한 사랑이 대단하다. 이제는 남성들도 귀걸이에 대해 관심이 크다. TV를 보면 남자 아이돌 귀에는, 반짝이는 정도의 귀에 달라붙는 귀걸이가 아닌 달랑달랑거리는 드롭 귀걸이가 황홀하게 빛나고 있을 정도다.

이렇게 현대에도 인기가 있는 귀걸이는 옛날 고대부터 있었던 오래된 장신구이

16세기, 남성용 귀걸이를 착용한 그림

다. 아마 옛날에는 귀걸이를 장신구로서뿐만 아니라 주술적인 의미에서 사용했을 것이라고 추측도 한다. 그 옛날, 불안한 하루하루를 살아가던 고대인들에게 뭔가의 위안이 필요하지 않았을까? 강인하면서도 아름답게 빛나는 금, 은 등 보석을 고대인들은 생명력의 근원으로 여겼던 것으로 보인다.

또, 고대인들은 온갖 질병에서 벗어나기 위해 귀걸이를 착용했을 것이라고도 한다. 증명할 수는 없지만, 아마도 예방주사를 맞는 것처럼 약한 부분을 강하게 만들어 준다는 믿음에서 귀걸이를 착용했을 것이다. 21세기인 지금, 한의학에서는 치료의 방법으로 '이(耳)침'을 놓는데, 그 옛날 사람들이 의학적인 믿음으로 귀걸이를 착용했다면 정말이지 대단한 일이 아닐 수 없다.

우리나라의 경우도 삼국시대 고분에서 출토된 귀걸이가 무려 300쌍 정도라고 하니 그 숫자가 엄청나다. 그런데 디자인의 다양

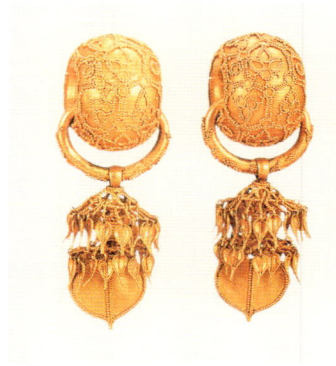
우리나라 신라시대의 태환금귀걸이,
국보 제90호, 국립중앙박물관

고대 페르시아 귀걸이

비잔티움 귀걸이   고대 이집트의 귀걸이

성을 보면 특정 계층뿐만 아니라 이미 보편적으로 널리 착용하고 있었음을 짐작케 한다. 어느 귀걸이를 착용하느냐에 따라 시각적인 차별화는 물론 사회적 지위를 표출하는 수단으로 착용했을 것으로 보인다.

귀걸이는 서양의 고대 이집트에서도 질병 치료의 수단뿐 아니라 왕족이나 귀족을 중심으로 남녀 구분 없이 권력의 과시나 마귀를 쫓는 부적으로도 사용되었다고 한다. 르네상스 시대에는 여러 보석을 귀에 다는 것이 크게 유행했을 뿐만 아니라 남성들도 착용했는데, 남녀 모두의 매너로 여겼을 정도라고 한다.

이처럼 귀걸이는 오랜 역사를 거쳐 오면서 시대에 맞게 변화, 지금에까지 이른 것이다.

패션의 화룡점정 '주얼리'

화룡점정(畵龍點睛). 양(梁)나라의 장승요(張僧繇)가 금릉(金陵=남경)에 있는 안락사(安樂寺)에 용 두 마리를 그렸는데, 눈동자를 그리지 않았다. 왜 그리지 않았느냐는 말에 눈동자를 그리면 용이 하늘로 날아가 버리기 때문이라고 했다. 사람들이 그 말을 믿지 않자 실제로 눈동자를 그려 넣었다. 그러자 눈동자를 그려 넣은 용은 하늘로 올라가고 그렇지 않은 용은 그대로 남아 있었다. 그래서 유래된 말이 '화룡점정'으로, 일을 하는 데 있어서 가장 중요한 부분을 완성함을 비유적으로 이르는 말이다.

패션이나 이미지 메이킹에서의 화룡점정은 바로 주얼리가 아닐까? 주얼리는 아름다움은 기본이고 남과 다른 아우라(Aura), 차별되는 매력, 상대방을 또렷이 기억하게 만드는 역할을 한다. 그

런 이유에서 주얼리야말로 자신의 이미지
에 생명력을 불어넣어 주는 화룡점정의
아이템이라고 할 수 있다.

　주얼리(액세서리)는 위아
래 의상의 색과 톤 등을 연결
하는 역할을 한다. 우리나
라의 노리개가 윗저고리
와 치마의 각각 다른 색상
을 연결해 주는 역할을 했
듯이 말이다. 다른 색상
의 한복이지만 상하의 어
울림을 만들어 주고, 나
아가 포인트가 되며, 귀

대삼작노리개　대표적인 여성 장신구로, 화려
한 색상과 귀한 패물을 이용해 우리나라의 단
조로운 의상에 섬세미를 더해 주었다. (『빛깔있
는 책들 전통 매듭』, 김은영, 대원사)

한 여인네의 품위를 만들어 줬던 노리개! 오래전부터 우리 여인
들은 어느 시대이건 자신을 더 높이고 드러내기 위해 액세서리
를 사용했다.

　액세서리는 자신의 이미지를 업그레이드하는 데 있어서 가장
간단하고 강렬한 인상을 주는 아이템이다. 연예인들이 드라마나
시상식에서 착용한 액세서리가 완판되고 이슈가 되는 것도 그 강
렬함 때문일 것이다.

　액세서리는 다양하게 연출할 수 있다. 이제는 귀걸이를 안 한

여성보다 한 여성들이 훨씬 많다. 귀걸이는 그날의 의상에 따라, 기분에 따라, 모임의 성격에 따라 비교적 간단하고 쉽게 연출할 수 있다. 나도 매번 옷을 사기보다는 간단하게 귀걸이를 이용해 매일매일 다른 분위기를 연출하고자 노력한다.

여자 친구에게 액세서리를 선물하고 싶은데 어떤 걸 골라야 할지 몰라 진열대 앞을 한참이나 서성이는 남성들을 간혹 보게 된다. 이런 분들에게 한 가지 팁을 드리자면, 여자를 더욱 빛내 주는 액세서리가 무엇인지에 대한 설문조사 결과 1위 귀걸이, 2위 헤어 액세서리, 3위 목걸이, 4위는 시계나 팔찌라는 사실이다. 하지만 기념일에는 목걸이에 힘을 싣는 것도 잊지 말자! 여자 친구의 목에 예쁜 목걸이를 걸어 주고 사랑을 꽃피우는 센스를 발휘해 보자

주얼리는 화려하게, 때로는 순수하게 보이게도 하며, 귀여운 이미지로 변

신시켜 주는 힘이 있다. 분명히 주얼리는 나를 빛나게 만들어 주는 화룡점정 아이템이다.

저자가 직접 주얼리 디렉터로 참여한 D.harrte의 귀걸이

주얼리의 힘

방송 미팅에서 만났던 한 업체 사장님이 서운하게도 방송 당일
에 나를 알아보지 못한 적이 있었다. 불과 일주일 전에 만났었는
데 말이다. 살짝 삐친 내게 이렇게 궁색한 변명을 하신다. 다른 날
보다 훨씬 어려 보이고 예뻐 보여
서 몰라봤다고…….

생각해 보니 그날은 원피스에
그린색의 비취 브로치를 꽂고 있
었는데, 나 스스로도 아주 만족스
러운 날이었다. 아마도 나를 그렇
게 어려보이고 예뻐 보이게 한 그
날의 내 이미지를 도와준 일등공

신은 그린색 보석 '비취'가 아니었나 싶다.

그린색은 생명력을 상징하는 컬러로, 생동감이 있어서 더욱 깔끔하고 젊게 보이게 하는 것 같다. 새봄에 공원의 파릇파릇한 잔디를 보면 그 자체만으로도 시야가 밝아지는 느낌이다. 겨울 동안 바짝 말랐던 나뭇가지나 잔디밭에 봄이 되면 어김없이 어떻게 신기하게도 싹을 틔우는지……. 이렇게 그린색은 새봄을 알리는 팡파르를 불며 활기찬 생명력을 자랑한다.

연한 그린색의 봄이 지나면 짙은 녹색 잎들의 진초록 녹음이 찾아오는데, 보석 중 '비취'가 바로 이런 선명한 녹음의 색이라고 말할 수 있다. 상급의 비취는 너무 짙거나 너무 흐리지 않다. '농담(濃淡)', 즉 색의 짙고 옅음이 일정한 것이 바로 상급의 비취다. 이렇게 그린색의 비취는 보는 사람에게 자연을 느끼게 해 주는 힐링 보석이다.

나는 TV 홈쇼핑에서 수많은 주얼리 방송을 진행했고, GIA 국제보석감정 자격, 그리고 보석가치평가 자격을 가지고 있지만 고가의 보석만이 보석이라고는 생각하지 않는다. 물론, 보석으로 정의되는 기준은 분명 있다. 그러나 나의 개인적인 보석에 대한 정의는, 자신의 스토리가 녹아 있는 주얼리부터 기분 전환으로 샀던 저렴한 액세서리까지 내게 즐거움이 된다면 그것이 바로 나만의 귀한 보석이라고 생각한다.

우연히 보게 된 미국 드라마가 있었는데, 드라마 전개도 흥미진

은은한 베이지톤의 원피스에 여성스러운 진주 귀걸이를 코디했다. 목선이 깊게 파인 디자인도 보완해 주면서 전체적으로 여성미를 더해 준 센스가 돋보인다.

진했지만 여배우들의 주얼리 착용이 예사롭지 않아 연속적으로 보게 된 적이 있다. 진주 목걸이를 착용해도 다양한 색감과 다양한 길이로 그때그때마다 상황에 맞춰 코디한 것을 보면서 그 디테일함에 다시 한 번 놀랐다. 같은 인물, 같은 진주 목걸이라고 해도 길게 늘어뜨려 우아한 분위기를 내는가 하면, 깔끔한 슈트 차림에는 짧고 간결한 진주 목걸이로 스마트한 커리어 우먼의 분위기를 연출했다. 이렇듯 주얼리는 그날의 패션 콘셉트에 맞춰 약간의 센스 있는 변화만 줘도 얼마든지 확연히 다른 분위기를 만들 수 있다.

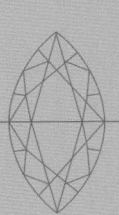

02

나만의 보석

주얼리의 와인,
1월의 보석 가닛

뭐든 새것 같은, 희망이 넘치는 1월의 탄생석은 바로 '가닛'이다. '행운을 부르는 돌'이란 의미의 가닛은 새해를 맞이하는 1월의 탄생석으로 제격이다.

가닛의 대표색인 붉은색을 단순하게 '레드(Red)다'라고만 말하기에는 조금 아쉽다. 단순한 톤의 레드가 아니라 블랙 벨벳 드레스를 입고 블랙의 숄을 두른 듯한 섹시한 여배우가 생각나는 '섹시 레드'에 가깝기 때문이다.

깊고 그윽하면서 우아함까지 느껴지는 가닛의 컬러는 감상하기에도 충분하다. 상반된 개

넘의 우아함과 섹시함, 이 어려운 두 개의 매력 포인트를 가닛은 품고 있다. 그래서인지 중세 귀족들의 초상화를 보면, 멋진 드레스에 화려한 보석을 착용한 모습 속에서 유독 가닛 귀걸이와 목걸이, 가닛 반지, 가닛 브로치 등을 많이 발견하게 된다. 아마 그녀들도 그윽하게 느껴지는 가닛을 통해 자신의 우아함과 섹시함을 표현하고 싶었던 것 같다. 붉은색에서 풍겨지는 권위, 그리고 그 왕족들이 즐겨 착용하던 가닛은 권위 있던 그들의 손길만으로도 행복과 행운의 아이콘이 되지 않았을까?

가닛을 자세히 들여다보면 깊은 와인색처럼 맑고 투명한 붉은색이 보인다. 첫눈에 얼핏 보면 평범한 붉은색으로 보이지만 가만히 들여다보면 깊으면서도 맑고 깨끗한 투명한 붉은빛을 볼 수 있다. 그것이 바로 가닛의 매력적인 컬러다.

가닛을 대표하는 검붉은빛이 감도는 붉은 컬 와인 향이 퍼질 것 같은 가닛의 컬러러는 마치 오랜 세월 숙성시킨 와인처럼 깊고 그윽한 컬러가 우러나온다. 그래서 가닛의 컬러는 '자연이 만들어 낸 와인빛'이라고 해도 손색이 없다.

사실 가닛의 색상에는 붉은색만 있는 것이 아니다. 크게 다섯 가지 종류로 나눌 수 있는데, 녹색·노란색·고동색·회색·파란색 등 산지마다 그 색이 다르다. 그중 붉은색의 보헤미안 가닛이 대표적이다.

'가닛'이란 이름은 '씨앗 같은, 많은 씨앗을 가진다'는 뜻의 라틴어 'Granatus'에서 유래되었다. 실제로 화강암이나 편마암의 갈라진 틈에서 잘 익은 석류 열매처럼 결정을 이루고 있기 때문에 붙여진 이름이다. 그래서 '석류석'이라고도 한다.

가닛의 원산지는 스리랑카를 비롯해 브라질, 미국, 남아프리카 등이다. 그런데 희한하게 산지도 아닌 체코의 가닛이 유명하다. 이유는 체코의 국석이 바로 가닛이기 때문이다. 체코에 전해 오는 전설에 따르면 가닛은 슬픔을 행복으로 변화시켜 준다고 한다. 그래서 가닛을 행운의 상징으로 여기게 된 것 같다.

그동안 보석 전문 쇼호스트로 수많은 방송을 진행했는데, 생각해 보니 유독 1월 즈음에 유난히 '가닛' 주얼리 방송이 많았던 건 아마도 한 해의 시작을, 행운을 빈다는 의미에서 선택했던 것이 아닌가 싶다.

사람들은 내가 직접 그린 이 그림을 보여 주면 이렇게 묻는다.

"석류야?"

"……."

오른쪽 그림은 바로 가닛을 가공한 나석을 그린 것이다. 사람들이 그림을 보고 한결같이 '석류'냐고 물은 것처럼 가닛은 정말이지 석류를 닮았다. 석류

석류알 같은 가닛, 가닛의 또 다른 이름은 '석류석'이다.

알을 입 안 가득 넣고 오물거릴 때 톡톡 터지며 느껴지는 상큼함 만큼이나 주얼리로 세팅된 가닛에서도 그 상큼함이 느껴진다.

한편, 가닛을 '힐러리의 보석'이라고도 하는데 그 이유는 뭘까? 세계적인 정치가 힐러리도 붉은색 가닛을 좋아하는지 공식 석상 에서 붉은 의상에 우아한 가닛으로 기품 있게 코디한 모습을 자주 볼 수 있었다. 또, 딸 첼시에게 행운을 상징하는 '가닛 목걸이'를 선물했다고 하 는데, 아마도 좋은 의미의 주얼리를 사랑 하는 딸에게 주고 싶어하는 평범한 우리 엄마와 같은 마음에서였을 것이다. 이렇 게 가닛을 사랑하고 즐기는 힐러리의 행 동 때문에 '힐러리의 보석'으로 인식된 듯 하다.

가닛의 컬러에는 낮보다는 밤에, 고요한 밤을 즐기는 사람에게
더 잘 어울릴 듯한 신비스러움이 있다. 연말 모임에 어떻게 코디
하고 갈까 고민될 때, 평소 가지고 있는 무난한 스타일의 원피스
에 와인색 가닛으로 포인트를 준다면 그렇게 자극적이지도 않으
면서 우아할 수 있다. 또, 고된 업무나 좋지 않은 상황으로 인해 자
신감이 떨어졌을 때, 와인색 가닛 보석으로 코디하여 당당한 분위
기를 낸다면 조금이나마 소심함을 버리고 적극적인 자세로 나아
갈 수 있다.

나는 블랙 의상이 칙칙해 보일 때는 와인색 가닛으로 섹시하면
서도 지적인 느낌을 연출하기도 한다. 권위적이고 당당함이 돋보
이는 붉은색 가닛으로 센스 있게 코디한다면 연말 모임 등 여러 모
임에서 단연코 주인공이 될 수 있다.

캐럿의 중량까지 경제적 부담 없이 즐길 수 있어 더욱 많은 사
랑을 받는 가닛, 행운의 상징 가닛으로 1월의 행운을 기대해 보자.

다양한 가닛

가닛은 화학적인 성분에 의해 이름도, 성분도, 컬러도 다르다. 그중 차보라이트, 로돌라이트, 파이로프 등이 인기가 많다.

알만다이트 가닛

흔히 보는 암적색 가닛이다. 투명에서 불투명으로 색은 진한 적색부터 검정색까지 있다.

하이드로 그로슐라 가닛

대표적으로 짙은 녹색의 컬러를 지닌 가닛이다. 핑크, 백색, 회색도 있다.

로돌라이트 가닛

장미석 석류석의 일종으로 알만다이트 가닛보다는 밝은 색조를 띤다. 색은 적색에서 적자색까지 자줏빛이 많이 난다.

파이로프 가닛

파이로프는 '불 같은 눈을 가졌다'는 뜻의 그리스어이다. 새빨간 색이 일반적인데, 갈색 기미가 있는 적색으로 가닛 중에서 가장 진한 적색이다. 루비와 가장 비슷한 색이다.

헤소나이트 가닛

오렌지 색상의 가닛이다.

그로슐라라이트 가닛

투명에서 반투명으로, 투명한 것은 '헤소나이트'라고 한다. 색은 무색, 황금색, 갈색, 녹색 등이 있다. 에메랄드와 비슷한 녹색 가닛은 '차보라이트'라고 부른다.

차보라이트 가닛

아름다운 녹색의 컬러를 나타낸다.

스페사르타이트 가닛

투명하며, 적등색·적자색·적갈색 등이 있다. 높은 굴절률로 광택이 뛰어나다.

안드라다이트 가닛

불투명의 검정색 '멜라나이트'와 투명의 녹색 '데만토이드'가 있다. 희소하며, 평가 가치도 높아 특이한 '인클루전'도 있다.

부드럽지만 당당한 카리스마, 2월의 보석 자수정

어렸을 적, 나도 귀여웠던 꼬마 아가씨 시절이 있었다. 한 손에는 언제나 바비인형을 들고 다니면서 옷도 입혀 주고 구두도 신겨 주었던 기억이 난다.

바비인형 중에서도 미스코리아처럼 예쁜 몸매에 금발머리가 길게 드리워져 있는 인형이 인기가 많았던 것 같다. 마치 엄마가 된 것처럼 바비인형의 긴 머리를 매일매일 묶어 주기도 하고 풀어 주기도 하며, 고사리손으로 능숙하게 빗질까지 해 주면서 엄마 놀이를 했었다.

요즘 꼬마 숙녀들에게는 디즈니
의 라푼젤이 단연 인기가 높다. 라
푼젤은 어마어마하게 긴 머리카
락을 바닥까지 늘어뜨리고, 심지
어는 갇혀 있던 높은 성에서 그
머리카락을 타고 내려가 탈출한
다. 그런 라푼젤을 떠올리면 유독
보라색 드레스가 떠오른다. 신비한
마법과도 같은 이미지의 라푼젤에게 보라
색 옷을 입힌 데는 분명 이유가 있을 것이다.

어릴 적, 미술시간에 36색의 다양한 크레파스를 쓸 때도 웬만하
면 보라색을 써 본 일이 거의 없었다. 그때는 보랏빛이 예쁘다는
생각을 한 적이 없었는데 나이를 먹으면서, 그러니까 소녀에서 여
인이 되어가는 즈음부터 희한하게 보라색이 예뻐 보였다.

보라색! 바로 자수정의 색이다. 보라색은 라푼젤의 아름다움을
매력으로 승화시킨 것처럼 신비한 분위기를 자아내는 아주 매력
적인 색이다. 18세기 이전에는 보라색이 권력과 부를 상징하는 컬
러였다고 한다. 그 이유는 다른 색에 비해 보라색 염료를 채취하
는 과정이 너무 어려워 그만큼 희소했기 때문이다. 그래서 자연스
럽게 보라색은 귀족을 비롯한 부자의 색으로 인식하게 되었다.

한편, 자수정은 '아메시스트(Amethyst)'라고 불린다. 아메시스트는 그리스 신화에 나오는 아름답고 애절한 신화의 주인공 소녀의 이름이다.

어느 날, 술의 신 박카스가 기분이 매우 좋지 않은 상태로 호랑이와 함께 산책을 나갔다. 그때 박카스는 자기의 기분 전환을 위해 산책길에서 만나는 첫 번째 사람을 호랑이의 밥이 되게 할 작정이었다. 때마침 첫 번째 사람이 나타났는데, 다이아나(Diana) 신전에 참배하러 나온 아름다운 옷을 입은 순결한 소녀였다. 그 소녀를 호랑이가 잡아먹으려고 달려드는 순간이었다. 다이아나 여신이 그 소녀를 하얀 돌로 변화시켰다. 호랑이에게서 구해 내고자 하얀 돌로 변화시킨 소녀의 아름다움에 박카스는 탄복했다. 그러고는 자기의 잘못을 뉘우치며 돌로 변해 버린 소녀상에 포도주를 부어 주었다. 그러자 그 하얗던 돌이 포도주색으로 변했고, 그것이 자수정이 되었다. 바로 그 소녀의 이름이 아메시스트다. 그 후 자수정은 순결과 불굴의 의지를 상징하는 돌로 널리 알려지게 되었다.

중세 기독교 사회에서는 자수정의 순결함이 높이 평가되어 교회의 의전 제기에 많이 쓰였으며, 오래도록 종교의 율법과 금욕을 상징하였다. 성서에 보면 자수정은 아론(Arron)의 흉패에도, 그리고 옛 이스라엘 제사장들의 허리띠에도 장식되었다. 그리고 아직까지 영국 왕실의 왕관에도 장식되어 있는 아름다운 보석이다.

옛날에 서양에서는 자수정을 몸에 지니고 있으면 아무리 술을 많이 마셔도 취하지 않는다고 믿어 왔다. 또 이것으로 몸을 장식하면 누구나 나쁜 생각을 하지 않게 되고 침착한 사람이 되며, 지능 지수가 높은 영리한 사람이 된다고 했다. 그리고 전쟁에 나간 군인은 총탄으로부터 피할 수 있으며, 노병의 승리를 도왔다고 한다. 또한, 어떤 전염병에서도 보호되었다고 한다.

이렇듯 그 당시에 자수정은 대단한 힘을 가진 돌로 인정되었다. 그래서 자수정은 돌 자체의 아름다움뿐만 아니라 그 돌이 가지고 있는 숨은 힘 때문에 더욱 귀하게 여기는 보석이 되었다.

대단한 힘을 지녔다고 여겨졌던 자수정, 동화 속 예언자들이 자수정 볼을 만지며 주문을 외우는 모습은 우연이 아닐지도 모르겠다. 그래서 라푼젤의 드레스도 보라색이 아닐까? 알아갈수록 매력이 많은 자수정이다.

　모임의 성격이 무게가 있는 자리라면 보라색의 자수정을 착용해 보자. 튀지 않으면서 우아한 느낌을 연출할 수 있다. 혹시 창조적인 일이나 예술적인 활동, 작업을 할 때 깊은 영감이 필요하다면 자수정의 그 묘한 컬러감에 위안을 받을 수 있을지도 모르겠다. 강의를 한다든지, 리더십을 보여 주어야 하는 자리에서는 부드럽지만 당당한 카리스마를 뿜어내리라.

　어느 날, 화사해 보이는 느낌을 내고 싶다면 연한 바이올렛 아이섀도에 자수정 귀걸이를 하자. 몸도 마음도 밝고 경쾌해질 것이다.

잠깐!

자수정은 무색에 가까운 옅은 보라색부터 짙은 자주색에 이르는 석영의 일종이다. 실리카 광물인 석영의 투명한 조립질 변종으로, 수정 중에서 거의 유일하게 보석으로 취급받는다. 반귀석 중에서는 대중적이고 가장 인기 있는 돌이다. 색의 폭이 넓은데, 레드 와인에 가까운 색일수록 고급으로 인정받는다.

행운을 부르는 탄생석

아름다운 푸른 바닷빛,
3월의 보석 아쿠아마린

일상에 지치거나 힘이 들 땐 잠시 벗어나 바다를 보러 가고 싶다. 힐링하고 싶다는 생각은 현대를 살아가는 모든 사람들의 바람이 아닐까? 이럴 때는 힐링 보석을 찾아서 가까이 두고 대리 만족이라도 해 보자. 보석은 착용하며 즐기는 기쁨도 크지만, 반짝이는 빛과 컬러를 감상하는 즐거움도 크다. 그런 면에

푸른 바닷빛이 마음의 안정감을 준다.

서 아쿠아마린의 색은 지친 마음에 휴식을 주기
에 충분하다.

푸른빛의 아쿠아마린! 아쿠아마린의 푸른빛은
짙은 색이 아닌 연한 푸른빛이다. 그저 시원해 보인
다는 단순한 느낌만이 아니라, 넓은 바다를 보고 있는 것처럼 마
음의 안정까지 갖게 해 준다. 그래서 복잡한 심정일 때 아쿠아마
린의 푸른빛을 들여다보면 마음이 정화되면서 안정감까지 얻을
수 있다. 평안한 바닷빛의 색상을 지니고 있어서 더욱 많은 사랑
을 받고 있는 보석 아쿠아마린, 마치 인어공주가 헤엄치며 나타날
것만 같은 그런 바닷빛이다.

아쿠아마린은 물을 뜻하는 '아쿠아(Aqua)', 바다를 뜻하는 '마린
(Marine)'의 두 단어가 합성된 것으로, 이름 자체에서도 시원함이
느껴진다. 색상도 시원한 바다를 연상케 하는 아름다운 푸른빛이
다. 푸른 바닷빛의 보석이라서 그런지 전해 내려오는 전설에는
'해상의 위험으로부터 주인을 지킨다.'는 의미가 있다. 당연히 항
해사나 선원, 배 여행을 자주 하는 사람들이 이 보석을 애용했다
고 한다.

아쿠아마린은 행복과 영원한 젊음을 상징, 오랫동안 희망과 건
강을 주는 보석으로 알려져 왔다. 중세사람들은 이 돌이 깊은 통
찰력과 미래를 읽을 수 있는 능력을 가져다 준다고 믿었다. 또 아
쿠아마린 반지를 끼면 마음이 안정되고 몸의 피로가 풀리며, 아쿠

아마린 귀걸이를 하면 사랑이 찾아온다고 믿었다.

아쿠아마린은 첫눈에 봐도 깨끗하고 시원해 보인다. 아쿠아마린으로 세팅된 주얼리를 착용하면 상대방에게 청아하고 맑은 이미지를 전달하기에 충분할 것이다.

마음이 답답해 여행을 가고 싶을 때, 그 시간 내내 늘 함께하고픈, 그래서 나의 시그니처가 될 보석 아쿠아마린은 3월의 탄생석이다.

◇ 잠깐!

아쿠아마린은 녹주석(綠柱石, Beryl)의 일종이다. 주요 산지는 스리랑카·마다가스카르·러시아·파키스탄·아프가니스탄·인도 등으로, 모스 경도는 7.5~8.0 사이이다. 색상은 옅은 물색을 띠는데, 진하고 선명한 물빛의 아쿠아마린이 더 가치가 있다.

전해 오는 이야기에는 인어가 몸을 치장하기 위해 보석함을 열다가 떨어뜨린 보석이 아쿠아마린이라는 설도 있고, 인어의 눈물이라는 설도 있다.

도도하면서 강렬한 보석의 여왕, 4월의 보석 다이아몬드

다이아몬드는 왜 비쌀까? 최고의 다이아몬드가 되려면 수많은 단계를 거쳐야 하고 또 가치를 결정짓는 수많은 조건이 따르며, 무엇보다 희소하기 때문이다.

다이아몬드는 채취가 어려워 그 가치가 더욱 높아져 귀하게 여겼는데, 보통 다이아몬드 1캐럿을 얻으려면 250톤의 자갈과 수많은 바위를 캐내야 했다. 그래서 권력이 있는 왕만이 지닐 수 있던 보석이었다. 그런데 17세기에 들어 엄청난 규모의 광산이 발견되면서 다이아몬드의 대중화가

블루 팬시 다이아몬드

가능해졌다.

르네상스 시대까지만 해도 다이아몬드는 그 어떤 도구로도 깰 수 없었기 때문에 불멸의 상징으로 여겼다. 다이아몬드는 이렇게 단단하여 처음부터 58면의 커팅이 가능했던 것은 아니다. 낯선 둥근 다이아몬드부터 몇 개의 커팅 면만 있는 다이아몬드까지 통용되다가 17세기 무렵에서야 58면의 커팅이 완성되었다. 드디어 지금의 다이아몬드 모습으로 탄생된 것이다.

다이아몬드는 굴절률이 높기 때문에 광채가 남다르다. 빛을 투과해서 반사하는 것이 다이아몬드의 특징이며 매력인데, 커팅이 조금만 비뚤어져도 투과한 빛이 밖으로 나오지 못해 다이아몬드의 찬란한 반짝임을 발휘할 수 없게 된다. 따라서 다이아몬드의 커팅은 매우 중요하다.

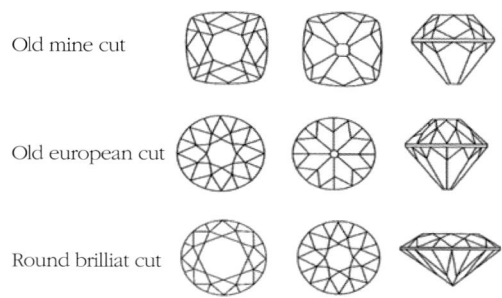

Old mine cut

Old european cut

Round brilliat cut

브릴리언트컷의 발달　우리가 알고 있는 58면(또는 57면) 커팅은 여러 발전 과정을 통해 완성되었다. 옛날에는 단단한 다이아몬드를 세공할 만한 장비와 기술이 없었기 때문이다.

다이아몬드에는 '코냑 다이아몬드'라고 불리는 것이 있다. 얼음을 가득 넣은 스트레이트 잔에 위스키를 부었을 때의 느낌과 비슷한 코냑 다이아몬드는, 그 이름이 말해 주듯 빛깔이 위스키 같아 향까지 감도는 것만 같다. 다이아몬드는 무조건 무색 투명해야 한다는 고정관념을 깨뜨리고 또 다른 아름다움을 빛내 준 것이 바로 코냑 다이아몬드다.

브라운톤이나 블루톤으로 코디할 때 특히 잘 어울리는 코냑 다이아몬드는 데이트를 할 때 더욱 분위기 있는 멋진 여자로 만들어 준다. 블랙 슈트에 코냑 다이아몬드 귀걸이와 반지, 주말 드라마의 여주인공 같은 모습은 상상만 해도 너무 멋지다.

사랑의 언약으로 다이아몬드 반지를 교환한 것은 언제부터였을까? 머나 먼 옛날, 14세기의 맥시밀리언 공이 처음으로 약혼식 때 메리 공주의 손가락에 끼워 주면서 다이아몬드가 사랑의 언약을 의미하는 사랑의 상징이 되었다고 한다. 다이아몬드 반지는 지금도 뜨거운 사랑을 이어 주는 큐피트의 화살 역할을 하고 있다.

다이아몬드의 빛나면서도 날카로운 투명함은 영화 〈겨울왕국〉의 엘사를 떠올리게 한다. 카리스마와 리더십을 느끼게 해 주는 투명한 다이아몬드, 추운 겨울날 코트를 여미는 손가락에 걸려 있다면 그 강렬함은 더없이 빛을 발할 것이다. 다이아몬드는 '깨지지 않는 아름다움'이라는 타이틀을 가지고 있다. 그것은 곧 '영원한 아름다움'과도 통한다. 다이아몬드를 보석의 여왕으로 꼽는 데는 그 누구도 이견이 없을 것이다.

보석의 여왕 다이아몬드에는 두 가지 느낌이 공존한다. 너무나도 차갑고 냉철해 보여 도도한 반면에, 안으로부터는 불꽃 같은 아름다운 빛을 뜨겁게 뿜어내는 열정이 가득하다.

부유함의 상징이기도 한 다이아몬드, 아침에는 그야말로 깨끗하고 투명한 맑은 자태의 보석으로 근접할 수 없는 당당함을 주며, 저녁에는 은은한 조명 아래 사랑하는 여인에게 프러포즈할 때 다이아몬드 반지에서 사랑의 불꽃이 솟아오르게 하는 사랑의 마력을 발휘하는 심벌마크다.

잠깐!

다이아몬드는 보석의 종류 중 하나로, '금강석'이라고도 불린다. 순수 천연 광물 중에서는 가장 단단하기가 우수한 물질(모스 경도계 10)로, 루비(모스 경도계 9)보다 무려 90배나 더 단단하다. 천연 광물 중 가장 높은 10의 경도를 자랑하기 때문에 다이아몬드에 긁힌 흠집을 낼 수 있는 것은 같은 다이아몬드밖에 없다. 놀라운 사실은 다이아몬드는 흑연과 같은 탄소 동소체 중 하나로, 열역학적으로는 흑연보다 약간 불안정한 상태이다.

자연의 그린을 담은 초록 정원, 5월의 보석 에메랄드

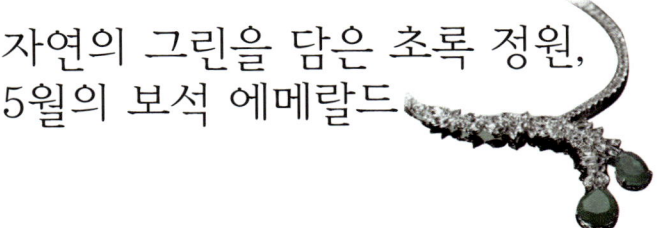

　어느 날 신이 내게 선물로 보석을 딱 한 가지만 고르라고 한다면, 난 주저하지 않고 에메랄드를 고를 것이다. 에메랄드는 색깔도 예쁘지만 워낙 고가인 보석이니 주저할 이유가 없다.

　에메랄드는 햇빛과 어우러진 자연의 그린색을 그대로 담고 있어 굳이 화려하게 디자인한 주얼리로 세공하지 않아도 원석 자체가 고급스럽고 예쁘다.

　예로부터 이 에메랄드를 지니고 있으면 사랑이 변치 않으며, 다가오는 앞날을 예측할 수 있는 능력이 생긴다고 해서 더욱 사랑

* 상단 사진 :『빛깔있는 책들 보석과 주얼리』, 안동연, 대원사

을 받았다. 또 누구나 성실해지고 정직해지며, 낭비하지 않아 점점 부를 누리게 된다고 믿었다. 에메랄드는 '행복과 행운'을 의미하며 정조와 순결을 지키는 보석으로, 동양에서는 미래를 예언하는 돌로, 서양에서는 부활을 상징하는 돌로 여겼다고 한다. 그러니 앞서 말한 대로 신이 보석을 딱 한 가지만 골라보라고 할 때 에메랄드를 선택할 수밖에 없지 않겠는가.

사실 16세기까지는 에메랄드가 다이아몬드보다 귀한 보석이었다고 한다. 기원전 4000년경 바빌로니아의 수도 바빌론에서는 '미의 여신 비너스에게 바치는 보석'이라고 불렀으며, 이집트 여왕 클레오파트라가 가장 즐겼던 보석이기도 하다.

얼마 전 안과에서 시력이 좋아지려면 산과 들의 먼 곳을 보고 살면 좀 나아질 거라는 의사선생님의 유머러스한 처방을 받았다. 녹색의 에메랄드를 보면 눈의 피로를 풀고 시력이 떨어지는 것을 막는다는 옛 사람들의 통찰력이 정말 대단하다는 생각이 든다. 로마 황제 네로가 격투 경기를 관람할 때 에메랄드로 만든 안경을 썼다고도 전해지니 말이다. 녹색은 눈이 피로하지 않은 색으로 통하기도 하는데, 에메랄드는 실제로 신경을 쉬게 하는 힘이 있어 정신안정제로 이용되기도 했다고 한다.

에메랄드는 베릴의 변종으로 녹색 보석 가운데 최고로 꼽힌다. 그런데 막상 에메랄드를 구입하고자 할 때는 고가임에도 불구하고 맑고 투명한 것을 만나기 어렵다. 오죽하면 "흠이 없는 에메랄

드를 얻는 것은 결점 없는 인간을 찾는 것보다 어렵다."는 말이 있

을까? 그만큼 맑고 투명한 에메랄드는

흔치 않다는 뜻이다.

5월의 탄생석, 에메랄드는 초록 정

원이 가득한 세계다. 에메랄드 안을

들여다보면 뿌연 내포물이 있는데 정원처럼 보인다. 그래서 흔히

들 에메랄드 안에는 나무나 풀이 엉켜 있어 마치 우거진 정원 같

다고 한다. 이 내포물은 고대 액체, 즉 에메랄드가 만들어지기 이

전의 지구 내부의 액체가 결정 속에 남아 있는 것이라고 한다.

에메랄드에는 자연의 에너지가 응축되어 있는 것 같다. 사계 중

에서도 신록이 짙어가는 봄과 여름의 아름다움이 담겨 있는 지구

의 모형 같은 에메랄드, 싱그러운 5월의 탄생석으로 꼭 맞춤이다.

녹색은 온화하면서도 당당함과 함께 부유함이 느껴지는 색이

다. 그래서 녹색의 에메랄드가 더 좋아졌는지 모르겠다. 컬러 전

문가의 말에 의하면 녹색은 빈틈없고 확고한 성품을 가진 매력적

인 여성에게 어울리는 강렬한 컬러라고 한다. 더불어 우아한 분

위기를 풍기면서도 필요하다면 어느 자리에

서든 흔들림 없이 소신 있게 자신의 주장

을 펼치는 사람에게 어울리는 녹색은 사

적인 자리보다 공적인 자리를 많이 가져

야 하는 사람에게 필요한 컬러라고 덧붙였

다. 나도 모르게 온화하면서도 당당함이 느껴져 에메랄드에 더욱 끌렸던 것 같다.

에메랄드의 녹색은 많은 사람들 가운데서도 유난히 도드라지지 않으면서 은근히 존재를 드러나게 하며, 중요한 결정을 해야 하는 회의 시간에 영향력을 가졌음을 암시하는 듯한 분위기를 내는 보석이다.

잠깐!

에메랄드는 '베릴(Beryl)'이라는 광물 중에서 가장 대표적인 초록색 보석으로, 대자연의 아름다움을 자랑하는 신록의 상징 보석이다. 사파이어와 루비의 관계처럼 베릴군의 보석 중 결정 내에 미량의 크롬 또는 바나듐 이온이 함유되어 있어 녹색을 띠는 경우 에메랄드로 분류된다. 사실 색깔에 따른 가치 차이는 있지만 베릴군에 속하는 보석은 모두 비싸다. 다른 색깔의 베릴군 보석도 있는데, 에메랄드 외에 널리 알려진 베릴군 보석으로는 아쿠아마린이 있다. 하늘색 베릴이 바로 아쿠아마린으로 분류되는 것이다.

우아한 여성의 아름다움, 6월의 보석 진주

주얼리 방송의 단골 아이템은 아마도 진주일 것이다. 여성들이 원하고 사랑받는 스테디셀러가 바로 진주이기 때문이다.

진주(Pearl)는 분명 마력이 있다. 누구든 진주만 하면 여성스럽게 변한다. 우아하고 품위 있게 분위기를 완전히 바꿔 주고야 만다. 옷과 화장으로 순식간에 화려하게 만들 수는 있지만 분위기를 바꾼다는 것, 그건 정말 쉬운 일이 아니다.

보석을 공부하기 전에는 진주의 종류에 뭐가 있는지, 광채가 뭔지 제대로 알 수 없었다. 단지 글로만 열심히 공부해서 실수 없이 전달하려고만 했다. 그러다 보니 부족함이 느껴졌고 그래서 GIA

진주 감별 과정 코스를 등록해서 수료했다. 뿐만 아니라 오랜 기간 동안 일본, 중국, 홍콩의 보석 전시회를 다니면서 보고 배웠다. 이제는 옥션에서 진주 경매를 진행하듯 빠른 속도로 스릴감 있게 방송을 진행할 수 있게 되었다.

　진주는 크게 천연 진주와 양식 진주로 나뉘고, 나아가 모조 진주와 핵진주로 나뉜다. 현시대에는 천연 진주가 거의 없다. 환경오염, 즉 진주가 다 자랄 수 있는 환경 등이 따라주질 않기 때문이다.

양식 진주만이 우리에게 아름다움을 선사하고 있는데, 양식 진주는 크게 해수 진주와 담수 진주로 나뉜다. 해수 진주에는 크게 바다에서 양식하는 남양 진주와 아코야 진주가 있다. 남양 진주는 따뜻한 남태평양에서 자라는데 15mm대의 진주로 커지고, 아코야 진주는 일본에서 양식으로 성공한 대표적인 진주로서 크기는 8~10mm 정도다. 아코야 진주는 핑크빛이 살짝 감도는 것이 상급이다.

남양 진주도 백진주와 흑진주로 나뉘는데, 백진주는 흔히 많이 들어본 은갈치빛의 광택을 상급으로, 흑진주는 타이티 섬에서 주로 나오는 공작의 색처럼 피콕그린이라는 빛을 상급으로 본다. 담수 진주에는 다양한 모양의 진주들이 많다. 조개패에 여러 개의 진주가 나오기 때문에 찌그러진 모양이 많을 수밖에 없다. 그러나 요즘은 담수 진주도 크고 원형 상태가 좋은 상급이 양식되고 있다. 갈수록 지구의 환경이 오염되면서 폐사율도 높아지고 잘 자라지 않아 상태가 좋은 양식 진주를 얻기가 힘들어지고 있다.

그럼 모조 진주와 핵진주는 어떤 걸까? 모조 진주는 진짜와 비슷하게 보이도록 만든 가짜 진주를 말한다. 핵진주는 원구로 만들어진 조개핵에 진주와 비슷한 느낌의 광택이 나게끔 만드는 정성이 들어간 인조 진주다. 따라서 핵진주라고 해도 상태가 좋은 회사의 것은 가격대가 상당하다. 유리 느낌의 모조 진주와는 확실히 차별된다.

진주는 피부 또한 보호하는 성분이 있어 면역력을 높여 주어 화장품에도 응용되는 등 많은 사랑을 받는다. 또, 아름다운 진주를 만들어 내려면 조개 모패가 건강해야 하기에 진주는 건강, 장수, 부를 상징하기도 한다.

진주에 대한 역사상 가장 유명한 전설은 이집트 여왕 클레오파트라가 마크 앤토니를 유혹하기 위해 술에 귀중한 진주 귀걸이를 녹였다는 이야기일 것이다.

현대에서도 진주와 사랑이야기는 계속 이어지고 있다. 미인의 상징, 바로 얼마 전에 타계한 엘리자베스 테일러는 보석의 아이콘이기도 하고, 진주와는 떼려야 뗄 수 없는 낭만적인 사랑이야기의 주인공이기도 하다. 엘리자베스 테일러는 리차드 버튼과 로마에서 영화 〈클레오파트라〉를 찍으면서 사랑에 빠졌고 부부가 됐다.

엘리자베스 테일러가 생전에 착용했던 '라 페레그리나(La Peregrina)' 진주 목걸이의 진주는 1500년대 초 파나마 만의 산타 마르카리타 섬 해안에서 일하던 아프리카 노예가 발견하였다. 이후

16세기 초 스페인 국왕 페리
페 2세가 소유했는데, 처음에
는 왕관의 장식으로 사용했
다가 펜던트 장식을 만들어
아내인 영국의 메리 여왕에
게 선물했다. 당시 제작된 메
리 여왕 초상화에도 이 진주
펜던트가 등장한다.

1969년 1월, 영국 배우 리
차드 버튼이 경매에서 이 진
주를 구입해 발렌타인데이
때 엘리자베스 테일러에게 선

그림으로 그린 엘리자베스 테일러가 생전에
착용했던 라 페레그리나 진주 목걸이

물했다. 여러 유명인들이 소유했던 진주를 새롭게 디자인해 루비
와 함께 세팅, 이 진주 목걸이는 사랑의 아이콘인 엘리자베스 테
일러가 주인이었다는 사실을 결코 잊지 못할 것이다.

또, 디자이너 '코코 샤넬' 하면 진주를 빼놓을 수 없다. 여성에
게 멋과 자유까지 선사했던 샤넬은 심플한 슈트에도 여성미를 부
여하고자 진주를 선택, 이미지를 부각시켰다. 그녀가 했던
몇 번을 칭칭 감는 스타일의 진주 목걸이는 샤넬의
대표적 시그니처가 되었다. 진짜 진주가 아닌
모조 진주임에도 그 이미지가 워낙 고급스럽

고 사랑스럽기 때문에 샤넬 브
랜드의 진주 목걸이는 높은 프
리미엄을 지닌 고가의 주얼리
로서 여성들의 마음을 빼앗아
버린다.

결혼기념일마다 남편이 선
물해 준 진주를 한 알씩 모았
던 아내가 시간이 지나 중년
이 되었을 때 이 진주알들로
비드 목걸이를 만들었다는 일

그림으로 그린 코코 샤넬의 진주 목걸이

화가 있다. 해마다 한 알 한 알 모은 진주에는 그 부부의 역사가 숨
어 있을 것이다. 체내에 들어온 이물질을 고이 감싸 안아 결국엔
은은한 광채의 진주가 됐듯이, 그 부부의 진주 비드 목걸이에는
삶 속에 녹아 있는 그들만의 살아온 모습이 깊고 깊은 진줏빛으로
승화되는 것만 같다.

진주는 화려하게 드러나지도, 요란한 빛을 내지도 않는 보석이
다. 오히려 차분하고 정갈한 이미지를 주기 때문에 장례식에 갈
때도 다른 귀보석은 착용하지 않는 것이 관례지만 진주만은 착용
해도 무방할 정도다. 오랜 시간의 수고 끝에 귀한 열매를 얻듯이
진주는 그야말로 오랜 아픔을 견디고 승화시키면서 영롱한 광택

을 내는 보석 '진주'로 태어난다. 그래서 진주는 아픔의 보석이라고 말하지만 나는 고통을 이겨 낸 영광의 보석으로서 밝고 긍정적인 느낌의 보석이라고 말하고 싶다.

욕심이 없는 여성이라도 진주만큼은 조금 더 큰 사이즈로 바꾸고 싶은 마음이 생기지 않을까? 8mm가 어울리는 2~30대, 나이가 들면서는 10~15mm, 진주는 이상하게 사이즈별로 욕심이 생긴다. 진주는 몇 개를 겹쳐서 해도 서로의 어울림이 좋다. 어색함이 없이 화려함마저 느껴진다. 이것이 우아한 진주의 또 다른 매력이다.

6월의 탄생석 진주, 우아한 여성으로 변화시키는 대표 주자다.

잠깐!

진주는 조개 내부로 이물질이 유입되면 격리시키고자 탄산칼슘으로 감싸면서 생기는 것인데, 조개 껍질과 진주는 같은 성분이다. 주성분은 탄산칼슘($CaCO_3$)으로, 광물은 아니지만 보석으로 취급된다. 흰색, 검은색, 분홍색 등 각각 다르지만 가장 흔히 볼 수 있는 진주는 흰색이다. 색채가 엷고 부드러우며, 광택이 아름다워 인기 있는 보석이다.
다이아몬드가 일정 형태의 입방체가 되고 그림자가 적을수록 단가가 올라가는 것과 마찬가지로 진주도 완벽한 구체에 가까울수록 단가가 올라간다.

생명의 영원성,
7월의 보석 루비

인류는 붉은색을 가장 먼저 인지했을 것이라는 이야기를 들은 적이 있다. 매일매일 빨갛게 타오르는 태양의 빛을 자연스럽게 느끼기에 그럴 수도 있겠다 싶다.

붉은색 보석의 대명사 루비, 그 붉은색도 짙고 옅음의 차이가 있다. 유색 보석의 가치는 4C, 즉 중량·상태·컬러·커팅에 따라 정해지는데, 그중에서 컬러의 중요도는 꽤 높다. 컬러를 평가할 때는 맑고·짙고·밝고 등의 3고(高)를 기준으로 평가한다. 따라서 맑고 선명하면서 진한 색이 가치가 높다.

3고에 따라 가장 예쁜 붉은색 루비를 '피전 블러드(Pigeon blood)'라고 한다. 비둘기 핏빛으로, 루비의 여왕이라고 할 수 있다. 피전 블러드 루비는 희소성 때문에 경우에 따라서는 다이아몬드보다도 더 높게 평가받기도 한다. 루비의 여왕 피전 블러드를 가만히 들여다보고 있으면 그 신비로움에 매료된다.

백설 공주의 트레이드 마크는 하얀 얼굴에 빨간 입술! 빨간 입술로써 백설 공주의 아름다움이 완성된다.

붉은색이어서일까? 루비는 뜨거운 열정적인 사랑을 상징하는 보석으로, 그 어원도 라틴어 루브럼(Rubrum), 즉 '빨갛다'는 의미에서 유래되었다고 한다.

옛날에는 루비를 지니면 부와 건강, 지혜를 얻고 평화로운 생애를 보낼 수 있다고 믿었다. 그래서 그런지 루비 반지를 왼손에 끼거나 브로치를 상의 왼쪽에 달면 마음에 평화를 얻을 수 있다고 한다. 루비는 왕관을 장식하는 데 주로 쓰였고, 이후 왕권·권위·부유함을 나타내는 아이콘이 되었다.

스리랑카에서는 왕이 사랑하는 왕비를 위해 아름다운 궁전을 세웠는데, 황금 기둥에 커다란 루비를 박아 마치 태양처럼 밤에도 대낮같이 궁전을 환하게 밝혔다고 한다. 루비는 이처럼 태양과 같은 강렬한 느낌을 전달하는 보석이다.

루비의 붉은색이 강렬해서일까? 루비와 관련해 전해지는 이야기가 참 많다. 성경에 등장하는 노아의 방주 내부를 루비로 밝게 밝혔다고 기록하고 있으며, 고대 사람들은 빨갛게 타는 듯한 루비를 보고 불사조가 보석으로 태어난 것으로 여겼다는 이야기도 전한다. 또, 루비를 몸에 지니고 있으면 마음 속 두려움을 물리칠 수 있다고 믿었는데, 중세 때는 싸움을 화해시키는 힘이 있는 것으로 여겼다고 한다.

주위 사람과 평화롭게 지낼 수 있고 위험에서 벗어날 수 있다고 하니, 취업에 성공한 딸아이에게 사회생활을 잘 하라는 의미로 작은 사이즈의 루비 목걸이를 선물하면 좋겠다는 생각이 든다.

어쩌면 루비는 열정이 식어가는 자신에게 용기를 줄 수 있는 컬러가 될 수 있을지도 모른다. 마치 여성들이 어느 날 빨간 립스틱을 바르고 싶은 것처럼 말이다.

'정열'의 상징 레드는 칙칙한 피부와 낮아진 자존감을 끌어올려 나를 당당하게 나서게 만드는 힘이 있다. 보석으로는 바로 루비가 그렇다.

왕족들의 상징물이나 장신구에 많이 쓰였던 루비, 당시에는 붉은색 보석을 모두 루비라고 여겼다고 한다. 영국 왕관에 장식된 '블랙 프린스 루비'와 목걸이에 장식된 '티무르 루비'는 오늘날 루비가 아닌 '스피넬'이라는 사실이 밝혀졌다. 같은 붉은색인 루비와 스피넬을 제대로 구분하지 못해 혼동이 생긴 에피소드다.

선연한 피를 연상시키는 루비, 인도에서는 이 루비가 출혈을 멈추게 하며 염증을 막아 준다는 이야기도 전해 오고 있다. 그래서 그런지 첫 출산 때 친정 아버지로부터 루비 반지를 선물 받았다는 친구가 있다. 지금도 그 친구는 루비를 볼 때마다 돌아가신 친정 아버지가 생각난다고 한다. 딸에 대한 아버지의 사랑과 아버지를 그리워하는 딸의 사랑이 붉은 보석 루비에 함께 녹아들어 영원히 따뜻한 기억을 품게 되었다. 이처럼 주얼리는 그 자체의 아름다움에 더해 보석이 주는 의미까지 전달되어 사랑의 메신저가 된다.

이렇게 루비는 옛날부터 생명의 영원성을 상징했다. 센스 있는 친구의 친정 아버지처럼 출산한 딸에게 선물하는 루비는 그야말로 탁월한 선택이 아닐까?

잠깐!

루비는 강옥의 한 종류다. 파란빛과 그 외의(분홍색도 포함) 것은 모두 '사파이어'라고 한다. 빨간 강옥만 루비라고 한다. 루비가 아닌 레드 사파이어도 있음을 참고하며 구별해야 한다. 스타 사파이어가 있듯이 스타 루비도 있다.

우주의 신비 이브닝 에메랄드, 8월의 보석 페리도트

페리도트는 아랍어 'FARIDAT(보석의 의미)'가 'PERIDOT'로 진화된 것이라고 한다. 이 보석의 색은 에메랄드와는 좀 다른데, 노랑이 많이 섞여 있어 황색과 녹색이 혼합되어 있는 황록색 계열이다. 그래서 페리도트 색의 가치 기준은 노랑이 많으냐 그렇지 않

황록색의 아름다움, 페리도트

으냐를 기준으로 한다. 노랑이 적은, 녹색의 정도가 많이 느껴지는 색이 보석으로서 가치를 높이 평가받는다. 따라서 에메랄드 그린색이 가장 상급이다.

우아함과 인내를 상징하는 페리도트는 '이브닝 에메랄드'라는 낭만적인 별명이 있다. 아마도 달빛에서 에메랄드와 같은 녹색의 아름다움이 더욱 깊어 그렇게 불린 것 같다.

밤에 더욱 진하게 보이기 때문일까? 예로부터 페리도트를 몸에 지니고 있으면 어둠에 대한 공포심이 사라진다고 믿어 왔다. 그래서 11~13세기 십자군 전쟁 때는 십자군의 부적으로 사용되었다고도 한다.

공포심을 없앤다는 페리도트, 나는 실제로 이 보석을 통해 두려움을 없애고 당당하게 시험에 통과한 적이 있다. 전해 오는 말이 사실인지 아닌지는 확인할 수 없지만 페리도트를 통해 행운을 얻

은 셈인데, 바로 쇼호스트 공채 시험에서 페리도트 주얼리로 프레젠테이션하고 합격한 것이다. 많은 경쟁자들 속에서 엄청나게 부담이 큰 공채 시험이었지만 이 보석은 나를 쇼호스트로 만들어 주었다.

누군가 내게 추억이 있는 주얼리가 무엇이냐고 묻는다면 나는 주저하지 않고 페리도트라고 말한다. 지금도 18년 전의 페리도트 목걸이와 귀걸이 세트는 소중하게 잘 간직하고 있다.

페리도트는 어두운 세상을 밝게 해 준다고 한다. 예로부터 금으로 세팅하여 착용하면 밤의 공포로부터 보호받을 수 있다고 믿어 왔다.

자연에서 생겨난 돌이 이렇게 예쁜 색을 띤다는 것이 마냥 신기하고 신비스럽다. 녹음이 우거진 여름 8월, 페리도트의 그린색이 정말 잘 어울린다.

잠깐!

페리도트는 감람석(橄欖石, Olivine)의 일종이다. 감람석의 색상은 보통 투명한 황록색을 띠는데, 어두운 올리브색에 가까울수록 가치가 올라간다. 지구상의 흔한 보석 중 하나지만, 이따금씩 운석이 떨어져 폭발한 자리에서 잔해로 발견되는 경우도 있어서 우주의 신비가 담긴 보석이라고도 한다. 보통 보석들의 색은 다양하지만 페리도트는 오직 초록색의 빛만을 고집하는 보석이다.

가을을 닮은 지적 이미지,
9월의 보석 사파이어

9월의 탄생석은 에너지 넘치는 블루의 대표적인 보석 '사파이

어'다. 사파이어도 여러 색이 있는데, 그중

'블루 사파이어'가 대표적이다. 9월의 탄생석

답게 파란 가을 하늘을 많이 닮았다.

　　블루 컬러는 젊은 느낌, 더 나아가

에너지와 지적인 이미지를 준

다. 그래서 중요한 프레젠테

이션이나 패기가 넘쳐 보여

야 할 주목받는 자리에는 블루

사파이어 원석

셔츠나 블루 타이를 코디하면 성공적인 이미지를 보여줄 수 있다.

하늘을 상징하는 사파이어, 기독교에서는 성 바울의 심벌로 여겼다. 중세의 유럽에서는 종교상 성직자의 반지에 사용되었는데, 교황 요한 바오로 2세 전까지 로마 바티칸 교황청 소속의 추기경들 반지는 전통적으로 사파이어로 장식되었다. 덕망과 자애, 그리고 성실과 진실을 상징하는 사파이어는 교회를 상징하는 의미로도 쓰였다.

유색 보석의 짙고, 밝고, 맑고의 3고 기준이 사파이어에도 마찬가지로 적용된다. 캐시미어 실론 사파이어는 형용할 수 없는 풍부한 컬러와 깊은 아름다움을 선사한다.

잠깐!

사파이어는 루비와 같은 광물이다. 강옥의 일종으로, 성분에 섞인 것이 달라 색이 다르게 나왔을 뿐이다. 루비와 사파이어는 형제간인 셈이다. 주로 푸른 빛을 띤 것만 사파이어라고 알려져 있지만, 루비 같은 진홍색만 제외하고는 다양한 컬러의 사파이어를 만날 수 있다.

행운을 부르는 탄생석

아름다운 무지갯빛, 10월의 보석 오팔

빨주노초파남보, 아름다운 무지갯빛을 다 볼 수 있어서 일명 '무지개화신'이라고 불리는 보석이 있다. 바로 10월의 탄생석 오팔이다. 오팔은 신비한 색들의 하모니 덕분에 오묘한 컬러를 감상하는 즐거움까지 더해 준다.

오팔은 울긋불긋 물든 단풍 같다. 신기하게도 탄생석들은 계절과도 절묘하게 잘 맞는다. 확인된 것은 아니지만 오팔은 번갯불이 지구에 떨어져 만들어진 것이라는 이야기도 있다.

1870년경 호주에서 대규모의 오팔 광산이 발견되었다. 당시 영국의 빅토리아 여왕은 직접 오팔로 치장하고 다니며 주변인들에

게도 선물하는 등, 한마디로 말해 홍보대사 역할
을 했다. 그 때문인지 오팔 중 가장 유명한 것은
오스트레일리아에서 채취되는 블랙 오팔이다.

오팔의 종류는 우리가 일반적으로 잘 알고 있는
밀키 오팔 외에도 모든 색상이 가능하다. 또 불투명한 것도, 투명
한 것도 있다. 그중에서 가치가 높은 블랙 오팔과 화이트 오팔, 볼
더 오팔, 크리스탈 오팔 등 투명도 또는 바탕색에 따라 종류가 다
양하게 나뉜다.

그럼, 이렇게 다양한 오팔을 어떤 기준으로 선택해야 할까? 우
선, 채색이 어두울수록 그리고 투명도가 떨어질수록 좋다. 그리
고 오팔에는 여러 가지 색이 공존하는 만큼 세 가지 이상의 색을
선명하게 보여 주는 유색 효과를 갖고 있는 것이 좋다.

희망을 상징하는 무지개, 그 무지갯빛이 다 들어가 있는 오팔은
우리에게 희망의 메시지를 전해 주는 아이콘이 아닐까? 오팔로
장식된 주얼리로 코디하여 희망의 기운을 받아보자.

잠깐!

오팔은 '단백석(蛋白石)'이라고도 불리는 보석의 일종으로, 주산지는 오스트
레일리아, 멕시코 등이다. 투명 또는 불투명으로 거의 색상이 없는데, 유색
효과가 있는 것은 희소성이 있어 가치가 높다. 유색 효과가 없는 것은 '코먼
오팔(Common Opal)'이라고 한다. 오팔은 보통 유색 효과가 있는 이미지로
잘 알려져 있지만 실제로는 유색 효과가 없는 오팔의 산출량이 많다.

맑고 깨끗한 청량감, 11월의 보석 토파즈

옐로 토파즈(『빛깔있는 책들
보석과 주얼리』, 안동연, 대원사)

　민트를 입 안에 넣으면 시원한 향과 맛이 상쾌한 느낌을 주듯이 토파즈는 청량감이 느껴지는 맑고 깨끗한 보석이다. 젊은 여성부터 나이가 지긋한 여성까지 우리나라 여성들에게는 친숙한 보석 중의 하나가 토파즈다.

　우리에게 익숙한 블루 토파즈는 1970년대에 등장했다. 우리나라에서는 '토파즈' 하면 블루를 떠올리는데,

원래 토파즈는 짙은 오렌지색이 대표적이다. 오렌지색이라고 해도 조금 더 짙은, 마치 유리잔에 담긴 진한 위스키색과 비슷하다고 표현하는 것이 더 정확할 것 같다. 블루 토파즈는 자연의 색이 아니라 열처리한 것으로, 가공의 색이다.

토파즈는 갈색, 초록색, 핑크색까지 아주 폭넓은 컬러를 보여 주는 매력적인 보석이다. 가장 흔히 볼 수 있는 것은 노란색, 다음이 파란색이며, 토파즈 중 가장 가치가 높은 것은 바로 오렌지색인 '임페리얼 토파즈'다.

어릴 때 손가락에 끼고 맛있게 먹었던 크디큰 보석 사탕 같은 토파즈! 토파즈는 캐럿에 대한 만족감을 충분히 느낄 수 있는 크기로 멋있게 즐길 수 있는 보석이다. 빅토리아 여왕도 루비, 사파이어, 오팔 등과 함께 토파즈를 애용한 것으로 알려져 있다. 나이가 들면서 큰 펜던트의 목걸이를 하

청량감이 느껴지는 블루 토파즈

는 이유는 목의 주름을 가리기 위한 경우가 많은데, 이때도 토파즈 목걸이가 제격이다.

맑고 투명한 하늘을 닮은 보석 토파즈. 고대인들은 토파즈를 숭상하여 금으로 세공해 몸에 지니고 다니면 밤을 두려워하지 않게 된다고 믿었다고 한다.

토파즈는 중량에서 큰 만족을 주는 보석이다. 고가인 다이아몬드는 1캐럿이 0.2g에 불과하지만 토파즈는 10캐럿짜리 반지도 부담 없이 구입해 큼직한 사이즈로 아름다움을 드러낼 수 있다. 홈쇼핑 주얼리 방송에서 '토파즈'를 소개할 때는 특히나 상품명에 '몇십 캐럿'이라고 꼭 명시하고 있다. 고객이 토파즈를 좋아하는 이유 중에는 중량에 대한 만족이 큰 이유가 되기 때문이다.

11월, 겨울이 오기 전 짧디짧은 이 계절을 토파즈와 함께한다면 맑고 깨끗한 그 느낌을 그대로 받아 기분 좋게 지낼 것만 같다.

잠깐!

토파즈는 황옥, 페리도트와 같은 사방정계에 속한다. 무색이 기본이며, 불순물이 섞여 다양한 색으로 나타난다. 노란색·분홍색·파란색·주황색·초록색, 심지어 두 가지 색깔 이상이 섞인 것 등 다양한데, 단풍잎의 색 같은 황갈색에 가까울수록 가치가 높다. 한편, 파란색 토파즈는 천연 상태의 것은 아주 드물며, 대부분 무색의 토파즈에 방사능 같은 열을 쏘여 색을 낸 것들이다.

불투명한 엔티크의 당당함, 12월의 보석 터키석

터키석은 불투명한 앤티크한 분위기를 주는 보석이다. 옛날 것 같은데 낡아 보이기보다는 오래된 느낌의 멋스러움이 느껴진다. 투명한 보석은 쨍한 햇살의 빛이 뿜어나지만, 터키석은 불투명하면서 묘한 분위기가 나온다. 그래서 나는 터키석을 굉장히 좋아한다. '성공과 승리', 듣기만 해도 기분 좋은 의미의 보석, 그것이 바로 12월의 탄생석 '터키석'이다.

터키석은 신으로부터 받은 '신성한 보석'으로도 잘 알려져 있는데, 그 어원은 프랑스어 'Pierre Turguios(터키의 여자)'에서 우래

* 상단 사진 : 『빛깔있는 책들 보석과 주얼리』, 안동연, 대원사

되었다고 한다. 그런데 아이러니하게도 터키에는 터키석이 없다. 그렇다면 왜 '터키석'이라는 이름이 붙여졌을까? 지도를 보면 쉽게 이해할 수 있는데, 당시 이집트에서 산출된 터키석은 터키를 경유해 유럽으로 전해졌다. 이집트에서 보자면 터키는 머나먼 미지의 나라로, 지평선 끝처럼 여겨졌다. 그래서 터키석은 '멀리서부터 온 이상한 보석'이라는 뜻에서 신비한 지역의 의미를 담아 붙여진 이름이라고 한다.

터키석은 인류 역사상 가장 오래된 보석으로, 부와 명예를 가져다준다 하여 여자들뿐만 아니라 남자들도 많이 애용하는 보석이다. 예로부터 페르시아 남자들은 여행을 떠날 때 커다란 터키석을 새끼손가락에 끼었다고 하는데, 그 이유는 터키석이 재앙으로부터 보호해 준다고 믿었기 때문이다.

또, 아메리카 원주민들은 터키석을 하늘과 바다를 직접 열리게 해 준다고 믿었다. 그래서인지 인디언들은 그 독특한 디자인 기법으로 지금까지도 계속해서 장신구로 만들어 사용하고 있으며 미국에서도 옛날부터 은과 함께 장신구로 만들어 애용했다.

터키석은 불투명한 보석이지만 오묘한 블루 컬러 사이의 검은 빛이 매력적이다. 은근히 화려하면서도 강한 컬러의 터키석은 파스텔톤과 매치하면 부드러운 분위기를, 자연스러운 내추럴 계열과 매치하면 우아한 분위기를 연출할 수 있다.

예쁘기보다는 멋있다고 말할 수 있는 보석 터키석은 하늘 아래 한 명밖에 없는 자신의 존재를 당당하게 만들어 주는 개성이 강한 12월의 보석이다.

잠깐!

천연의 터키석은 안에 불순물이 들어 있어 무늬처럼 보이는 것이 많다. 잘 배열된 것은 보석을 더욱 아름답게 만들어 주기도 한다. 색상은 하늘색부터 초록색에 가까운 것까지 다양한 것이 생산되는데, 이란에서 생산되는 맑은 푸른색이 아름답고 평판이 좋다.

다양한 컬러 스톤

화려한 공작새를 닮은
말라카이트

짙은 녹색 사이에 원형의 무늬가 있어서 무심코 한번 보기만 해도 강한 인상을 남기는 원석이 있다. 바로 '말라카이트(Malachite)'인데, 실제로 보석에 관심이 없던 사람도 한번 보면 평범치 않은 패턴과 컬러에 마음을 빼앗기고 만다. 흔히 볼 수 없는 불투명한 짙은 그린 컬러에 누구나 매료될 것이다.

'공작새' 하면 당당하고 화려하게 날개를 활짝 편 모습이 떠오른다. 그 모습이 황홀하기까지 하다. 보석 말라카이트의 색상이 바로 공작새의 꼬리깃과 아주 비슷하게 닮아 있다. 그

래서일까? 말라카이트의 또 다른 이름이 바로 '공작석'이다.

보통 보석은 주로 장신구로 쓰이지만 말라카이트는 장신구 외에 아이섀도의 원료로도 사용되었다. 그림을 통해 옛날 이집트 여자들을 보면 초록색이나 푸른색으로 눈 화장을 한 모습을 볼 수 있는데, 그 아이섀도의 원료가 바로 말라카이트이다. 이렇듯 보석은 우리 삶에 갖가지 의미로, 아름다움을 표현하는 도구로 늘 함께해 왔다.

말라카이트로 만든 펜던트를 가만히 보고 있으면 기대 이상으로 예

쁘고 고급스럽다는 생각이 든다. 마치 공작이 화려한 의상을 입은 것 같은 우아한 느낌을 갖게 되는데, 그린색을 바탕으로 한 그라데이션은 요란하지 않으면서도 자연스러운 무늬가 은근히 화려하면서 고급스럽다.

말라카이트는 독특한 무늬와 묘한 컬러의 하모니가 참 멋진 보석이다.

잠깐!

공작새의 꼬리깃처럼 생긴 말라카이트의 이름은 특징적인 녹색(Green)과 모양을 닮은 식물(Mallow)을 의미하는 그리스어에서 비롯되었다고 한다. 오늘날에도 장식용, 안료, 불꽃에 들어가는 금속 중의 하나로 쓰이고 있다.

비밀스러운 신비감이 어려 있는 호박

호박은 고대의 송진이 굳은 것으로, 진주·산호와 함께 정의상 광물은 아니지만 보석으로 취급된다. 호박 안에 모기나 벌레 등 이물질이 들어 있는 것을 오히려 귀하게 여기며, 가격도 비싸다.

우리나라에서는 예로부터 호박을 노리개나 비녀, 마고자 단추 등 각종 장신구에 사용하였다. 호박 중에서도 투명한 호박은 '금패(錦貝)', 불투명한 호박은 '밀화(蜜花)'라고 한다.

호박은 이동박물관 같다고나 할까? 호주에 여행을 가서 봤던 태고적 모습을 유지하고 있던 산림, 그 태고적 산림을 보면서 느낀 경외감이 보석 호박에 스며 있다. 호박 안에는 비밀스러운 신

금패

밀화

우리나라 밀화장신구　조선시대 18세기, 부채 고리에 늘어뜨리는 장식용으로 쓰였을 것으로 추정한다. (『빛깔있는 책들 전통 장신구』, 장숙환, 대원사)

비감이 어려 있어 더욱 매력이 느껴지는 보석이다.

일전에 인터뷰를 할 때 밀화를 착용한 적이 있는데, 빛나는 화려함은 없지만 은근하면서도 돋보이는 이미지를 내는 데는 압도적이라서 당시에 꽤 만족스러웠던 기억이 난다.

호박은 올드한 주얼리라는 선입견을 깨고 생활 속에서 멋있게 착용해 보기를 적극 권한다.

밀화 귀걸이와 브로치로 장식하여
화려함보다는 은근하면서도 돋보이는 이미지를 냈다.

호박은 진주나 상아처럼 광물이 아닌 유기물질이지만 주얼리 소재로 많이 쓰이고 있는 대중에게 사랑받는 보석이다. 황갈색을 띠며, 굳기는 2~2.5로 매우 낮고, 비중은 1.05~1.09이다. 이는 나무 수지가 화석화된 것이기 때문이다. 나무는 상처를 입거나 외부의 공격을 받으면 자기방어 수단으로 수지를 내뿜는다. 그런 수지가 땅속에 파묻혀 단단하게 굳어진 것이 바로 호박이다. 발틱 해 주변에서 산출되는 호박은 주로 약 5천만 년 전의 지질시대에 생성되었다고 하니, 인류의 시작을 알고 있는 보석이라고도 말할 수 있다. 가장 유명한 산출지는 바로 발틱 해 주변이다.

다양한 색상 다양한 아이템, 산호

십여 년 전 홍콩 보석쇼에서 산호만 전시하고 있는 부스 앞을 떠나지 못하고 한동안 지키고 서 있었다. 그날 처음으로 산호가 아름답다는 걸 피부로 느끼며 마치 바닷속 산호 숲에 와 있는 것 같은 착각까지 들었다.

다양하게 세공한 산호를 보고 마치 살아 있는 듯한 디테일에 깜짝 놀랐고, 정말 꽃이 핀 듯한 산호의 형형색색 다양한 색에 또 한 번 놀랐다. 목걸이로, 귀걸이로, 브로치로 다양한 아이템으로 어디나 잘 어울리는 산호의 매력에 나는 최상급은 아니지만 장미로 세팅된 붉은 산호 목걸이를 구입하고야 말았다. 그 빨강 산호 목

걸이는 겨울철에는 터틀넥 위
에, 여름철에는 맨 피부에 모
두 잘 어울린다.

장미꽃 모양의 아름다운 산호 브로치

산호는 성장 속도가 느린 편
이다. 성장 속도가 느린 것은
그다지 흠이 되지 않는다. 왜
나하면 성장 속도가 빠르면 조
직이 치밀하지 않아 보석으로
세공하기 힘들기 때문이다. 천천히 자라나 조직이 치밀한 산호는
작은 기공도 발달하지 않고 금이 없게 되는데, 바로 그런 산호가
최상의 것으로서 보석용으로 인정받는다. 해양목 산호과의 붉은
산호속이나 뿔산호목의 여러 종의 골격은 가공하여 보석 장식품
으로 사용된다.

모든 보석이 그렇듯 연마되지 않은 산
호는 일반적으로 윤기가 나지 않는다.
장인의 손길을 거쳐 연마하면 본연
의 아름다움에 시너지가 더해지면
서 아름다운 자태를 드러낸다. 산
호는 백색·청색·갈색·
흑색·분홍 및 적색 등
으로 산출되며, 경도가 3.5

로 보석 광물 중 낮은 편에 속해 착용 시 세심한 주의를 기울여야 한다. 산호 중에는 '노블 코랄(Noble coral)'이 가장 귀한 것으로 취급되는데, 일본에서 산출되는 코랄은 '모로 코랄(Moro coral)'로, 적색이다.

산호는 안타깝게도 수온에 몹시 민감한 생물로, 지구의 온난화와 인간의 남획까지 겹쳐 점점 사라지고 있다. 그래서 보석용으로 쓰일 만한 질 좋은 산호의 산출은 그리 쉽지 않은 상태다.

산호는 긴장과 두려움을 완화시켜 주고, 어린이를 보호해 준다고 하여 부모가 자녀에게 선물하는 보석 중 하나다.

잠깐!

산호의 색상은 단순한 갈색에서 매우 화려한 색상에 이르기까지 다양하다. 공생 조류(주산셀러)의 색상과 산호가 가지고 있는 색소 단백질의 색상 조합으로 나타난다.

다양한 컬러 스톤

블랙의 당당함이 화려한 오닉스

　한국을 방문한 외국인이 지하철을 타고 다니면서 한 가지 공통점을 발견했다고 한다. 한국 사람들 대부분이 회색·검정색 등 이렇게 무채색의 옷들을 주로 입고, 표정은 다들 심각했다는 것이다. 그러고 보니 나 역시 블랙 의상이 많고, 짙은 회색도 많다. 그런데도 또 블랙 아니면 회색 옷을 산다. 옷장을 들여다 보면 50% 이상이 블랙과 회색이다.

　디자인은 미세하게나마 달라도 컬러는 습관처럼 무채색을 선택한다. 그래서인지 블랙 옷에 주얼리를 코디할 때는 화이트 다이아몬드가 우선 떠오른다. 하지만 스타일에 따라 바꿔 착용할 많은 다이아몬드를 소유한 사람이 몇이나 될까? 이럴 때, 이열치열의 원리처럼 블랙 의상엔 블랙 오닉스를 적극 추천한다.

블랙의 오닉스! 블랙 오닉스는 한마디로 말해 '멋짐' 그 자체다. 보석계의 카리스마라고나 할까? 블랙의 오닉스에서는 당당함이 느껴진다.

블랙 컬러는 사실 굉장히 화려한 컬러다. 생각해 보면 화려한 자리의 대표 컬러가 블랙이다. 음악회나 전시회, 각종 시상식 등 점잖고 무게 있는 자리에는 보통 블랙 의상을 선택하게 되니까 말이다. 그 선택은 매우 만족스럽다. 이렇듯 무채색인 것 같은 블랙의 화려한 반전처럼 블랙 보석 오닉스 역시 블랙 컬러지만 멋있고 당당하며 화려하다.

오닉스의 화려함을 더해 주는 방법은 바로 커팅이다. 오닉스를 커팅하면 그 면면이 반사되어 아름다움은 극대화된다. 반지, 목걸이, 귀걸이 등 다양하게 활용 가능한 블랙 오닉스는 은근히 돋보이는 화려함에 매료되는 더욱 사랑받는 보석이다.

한편, 브로치를 만들 때는 주로 카보숑(Cabochon)으로 높지 않은 동산 형태로 조금은 큰 오버사이즈로 세공하기도 하며, 때로는 구형으로 만들어 오닉스 비드 목걸이를 만들기도 한다.

내 보석함에는 스타일이 다른 오닉스 반지 3개, 목걸이 2개, 귀걸이 2개가 있다. 20년의 세월 속에서 선물 받기도 하고 내가 구입하기도 한 주얼리들이다.

어느 해인가 1년 정도 오닉스 반지를 항상 곁에 두고 착용했다. 아마도 그 당시에 나는 조금 당당한 커리어 우먼처럼 보이고 싶어서 오닉스의 당당함에 의지했던 게 아닌가 싶다. 그때 내 반지가 눈에 띄었는지 어느 날 방송 본부장님이 자신과 아내의 오닉스 반지를 선택해 달라고 부탁했다. 내 반지와는 조금 다른 스타일로 추천해 드렸는데, 이처럼 보석을 잘 모르는 남성에게도 오닉스는 사랑을 받는다. 그래서 그런지 오닉스는 여성용뿐만 아니라 남성용으로도 다양한 디자인이 나오고 있다.

오닉스는 한마디로 말해 '예쁘다'기보다는 '멋있는' 보석이다.

잠깐!

오닉스는 줄마노(瑪瑙) 또는 줄무늬가 있는 석회암이다. 그리스어의 'Onyx(손톱이나 줄무늬를 의미)'에서 유래한다. 오닉스는 돌 자체가 반투명하며 연마한 것은 매우 아름답다. 큰 원석을 얻기에는 어려움이 있는 보석이다.

다양한 컬러 스톤

소녀의 핑크빛 감성,
장미석

이름부터 로맨틱한 장미석은 여성들에게 많은 사랑을 받는다. 이름도, 컬러도, 심지어 가격까지도 사랑받기에 충분하다.

장미석은 소녀의 감성이 뿜어져 나오는 예쁜 핑크빛이 대표 컬러다. 불투명한 원석이지만 그래도 자세히 들여다보면 안에 있는 결정들이 보인다. 투명한 느낌이 들 정도로 색감이 예쁘다.

소녀 감성의 장미석은 주얼리 디자이너에 의해 여리여리한 주얼리로 다시 태어난다. 특히 이어링은 살랑살랑한 느낌이 나는 디자인이 많으며, 반지의 경우는 주로 장미석 원석만이 돋보이게 디지인한 경우가 많다. 굳이 큰 사이즈를 고집하지 않아도 장미석은 원석 자체로 참 예쁘다. 카보숑으로 세공한 큰 사이즈의 장미석은 때로는 여섯 방향의 성채가 나타나기도 한다.

장미석은 카보숑, 목걸이용 구슬, 조각 같은 장식용 소품 등으로 가공되는데 맑고 큰 원석만을 연마석으로 선택한다. 분홍색 또는 복숭아빛 색깔은 소량의 티타늄이 포함되어 있기 때문인 것으로 추측된다. 장미석 결정은 아주 드물며 괴상의 덩어리로 발견되는 것이 일반적이다.

잠깐!

장미석은 변성암, 수성암에 포함되어 있다. 장미 홍색 또는 담홍색의 석영으로 균열이 있으며, 괴상의 덩어리 형태다. 흔히 균열이 발달하며, 내부가 혼탁하기도 하다. 가장 잘 알려진 생산국은 브라질이다.

다양한 컬러 스톤

고귀한 색의 아름다움, 옥과 비취

옥(Nephrite)과 비취(Jadeite)는 '제이드(jade)'라고 통칭되어 보통은 같은 보석으로 알고 있는 경우가 많다. 그러나 이 두 보석은 서로 다른 광물이다.

우선 옥부터 살펴보자. 옥의 경도는 알루미늄보다 강하다. 만약 알루미늄 못에 긁힌다면 진짜 옥이 아니라고 할 수 있다. 연옥(Nephrite)은 18세기 강옥이 중국에 유입되기 전에 사용된 것으로, 굳기는 6.5에 녹회색·진한 녹색을 띠나 경옥보다 못하다. 옛날 연옥은 주로 중앙아시아 호탄 등지에서 유입되어 사용된 것으로 추정된다. 연옥은 미세한 섬유상 결정이 얽혀 치밀질의 경괴를 이룬 투섬석 또는 투녹섬석을 말하며, 경옥에 대응되는 말이다. 질이 강하여 잘 깨지지 않고, 백색이나 어두운 녹색빛이며, 연마하면 순한 광택이 난다. 중앙아시아, 터키, 오스트레일리아, 미국 캘리포니아에서 주로 산출된다.

우리나라에서는 소량이지만 양질의 백옥이 나오는 편인데 신라 때부터 사용된 것으로 추정되며, 비취는 생산되지 않는다.

옛날 사람들은 젊음이 충만하고 살빛이 희고 부드러우며, 한 점 티 없이 맑은 피부에 마음까지 고운 여인을 가리켜 흔히 '옥처럼 아름답다'고 했다. 뿐만 아니라 학식이 풍부하며 인격이 고매한 선비를 '옥' 같다고 표현했다. 그만큼 옥을 티 없이 아름답고 귀한 것으로 여겼다.

이제 비취를 살펴보자. 비취는 보석으로 칭하는 옥 가운데서도 초록색의 경옥을 뜻한다. 우리가 말하는 비취는 적색과 녹색을 말하며, 이것은 물총새라는 작은 새의 날개 색에서 유래되었다. 물

옥비녀(위) 조선시대 19세기, 여름철 외출 시에 여인들이 꽂았던 비녀이다.
비취 파란 쌍연봉 뒤꽂이(아래) 비취와 파란 장식이 화려한 조선시대 상류층 여성의 뒤꽂이 (『빛깔있는 책들 전통 장신구』, 장숙환, 대원사)

론 연옥도 엄연히 옥에 속하기는 하지만 보통 비취라고 하면 경옥(Jadeite)을 말한다. 굳기는 7이며 색상은 에메랄드 녹색이다. 주산지는 미얀마, 티베트, 프랑스, 멕시코, 미국의 캘리포니아로서 18세기부터는 중국에서 사용되기 시작했다. 명나라~청나라 시대에는 경옥이 더 애호되면서 백옥을 제치고 진옥으로 불렸다.

　'비취' 하면 중국의 서태후를 빼놓을 수 없다. 어느 정도로 비취를 사랑했냐 하면, 손톱에 비취로 긴 보호판을 만들어 다녔으며, 식기도 비취로 만들어 사용했고, 음악을 듣더라도 비취로 장식된 악기로 연주하게 했다. 또, 비취를 선물하는 사람에게는 쉽게 관직을 하사할 정도로 좋아하는 정도를 넘어 집착했다고 한다.

　그녀는 왜 그토록 비취에 집착했을까? 굳이 이해를 해 보자면 비취의 아름다움 때문이었겠지만, 새 일을 시작하거나 중요한 판단을 할 때 비취를 비비면 좋은 결과가 생긴다는, 비취에 대한 기

비취를 사랑한 중국의 서태후

비취 목걸이와 팔찌

대감 때문이 아닐까 싶다. 평소에 그토록 애지중지한 그녀의 수많은 보석 비취는 사후 그녀와 함께 무덤에 매장되었다.

서태후의 보석 비취는 장수, 행복, 행운 등 우리가 인생을 살아가면서 간절히 기원하는 것들을 의미하고 있어서 한편으로는 몸에 지님으로써 부적과도 같은 역할을 한 보석이다.

중국인들의 비취 사랑은 대단하다. 2008년 베이징 올림픽에서도 메달 뒷면에 비취를 넣어 장식할 정도다. 다른 동양권에서도 그 어떤 것보다 옥에서 좋은 기운이 나온다 하여 예로부터 인기가 많았다.

비취(翡翠)의 한자 중 '비(翡)'는 귀한 옥의 색을 뜻하며, 비색은 고귀한 색으로 취급했다. 보통은 초록색 계열이 대부분이지만 보라색 옥(자옥, 紫玉)도 있다.

잠깐!

옥의 전형적인 색상은 푸르스름한데, 옥을 이루는 가장 핵심이 되는 광물의 빛깔이 반영된 것이다. 옥은 경옥(硬玉)과 연옥(軟玉) 두 가지로 나뉜다. 둘 다 서로 성질이 다른 광물이 조합된 것이지만, 모두 색상이 대체로 녹색을 띠기 때문에 같은 옥으로 분류된다.
경옥에 해당하는 광물은 제다이트(Jadeite)라고 하는데, 휘석(Pyroxene)의 일종이다. 한편 연옥에 해당하는 광물은 네프라이트(Nephrite)이며, 각섬석(Amphibole)의 일종이다. 둘 다 옥이라고 불리기는 하지만 지질학적으로는 기원이 전혀 다르다.

다양한 컬러 스톤

달빛처럼 은은한 청백색, 문스톤

문스톤, '월장석'이라는 이름으로 불리는 이 보석은 달빛이 드리워져서일까? 참으로 오묘한 느낌이 든다. 진주와 비슷한 우아한 느낌이 나지만 살짝 슬픈 느낌을 받기도 한다.

문스톤은 투명하지는 않다. 그러나 속이 다 들여다보이는 것 같다. 마치 눈물을 머금은 맑은 눈망울 같아 들여다보고 있으면 투명하고 맑은 마음을 보고 있는 것만 같다.

달빛처럼 은은한 청백색을 내는 문스톤은 17세기 중반까지 그리스어로 달을 뜻하는 '셀레네'에서 유래하여 '셀레니티스'라고 불렀다.

색깔은 제각각이지만 투명도가 높고 빛에 비춰 봤을 때 푸른색이 많이 어릴수록 고품질의 문스톤으로 친다. 뿜어내는 색상의 빛이 참으로 오묘하다.

문스톤의 주산지는 인도·스리랑카·미얀마·오스트리아·노르웨이·호주 등지이며, 모스 경도 6.0 내외이다. 보통은 유백색의 문스톤이 대표적인 것으로 알려져 있으나 색상의 스펙트럼이 넓은 광물로서 연회색, 검정색, 주황색, 분홍색, 갈색, 노란색, 심지어는 연한 녹색을 띠기도 한다.

매력적인 블루 컬러, 라피스라줄리

라피스라줄리는 좀 생소하고 이름 외우기가 어려웠는데, 컬러를 보는 순간 매료되어 잊을 수가 없는 보석이 되었다. 블루 컬러의 보석이 여럿 있지만 라피스라줄리만큼 그 색감이 독특하고 예쁜 것은 없을 것이다.

라피스라줄리는 투명하지는 않지만 그 안에 금빛도 살짝 보이고 뭔가 결도 보인다. 물감으로 표현하자면 선명한 컬러감의 포스터컬러를 듬뿍 묻혀 놓은 것만 같은 그런 색이다.

라피스라줄리는 단순한 디자인으로 세팅해도 많은 여성들이 정말 좋아한다. 때로는 색이 너무 짙은 게 아닌가 싶지만, 그 색감 때문에 오히려 주목받는다. 따라서 산뜻하게 하고 싶을 때, 좀더 발랄한 느낌을 주고 싶을 때, 은근히 주목받고 싶을 때 봄·여름·가을·겨울 계절에 상관없이 착용해 보자. 원하는 이미지를 연출할 수 있을 것이다.

라피스라줄리는 '청금석'이라고도 하는데, 푸른 금(Blue gold)으로 착각할 수도 있겠지만 금과는 다른 것이다. 단일 물질인 일반적인 보석류와는 달리 이 보석에는 흰빛과 금빛을 내는 광물이 섞여 있다. 흰빛은 '칼사이트', 금빛은 '파이라이트(Pyrite)'라고 불리는 물질이다. 두 물질이 거의 섞이지 않은 순수한 청남색 라피스라줄리를 최상급으로 치는데, 같은 비율로 섞여 있다면 파이라이트 쪽이 더욱 높은 평가를 받는다. 사람에 따라 흰빛과 금빛이 섞여 있는 것을 더 아름답게 보아 선호하는 경우도 있다. 해마다 산출량이 줄고 있기 때문에 점점 비싸진다고 한다.

잠깐!

'라피스라줄리'라는 이름은 광물이 아닌 암석의 이름이다. 라피스라줄리가 갖는 특유의 파란색은 '라주라이트(Lazurite)'라는 광물의 색상이며, 이 컬러 스톤을 구성하는 핵심 광물이다.

골드(금)

GIA 보석 감정 수업 첫날, 내게 선생님께서 질문하셨다.

"알고 있는 보석을 말해 볼까요?"

"금이요."

"아, 그건 금속입니다."

"아이쿠!"

보석과 금속을 구분 못 했을 정도로 보석에 대해 전반적인 지식이 없었던 때가 있었다. 단순히 금은 비싸니까 보석이라고 생각했는데, 생각해 보니 금은 보석이 아닌 귀한 금속, 즉 '귀금속'이다.

금은 귀금속으로서 위엄과 화려함을 나타내는 장신구로 사용된 것은 고대부터다. 인간이 가장 먼저 사용한 금속이라고 알려져 있고, 고대 이집트에서 토착민들이 금을 사용했다고 하는데, 이를 증

명하듯 이집트 파라오
와 귀족들의 무덤에서
금 장식품들이 발견되
기도 한다. 이처럼 금
은 아주 오래전부터 귀
하게 여겼으며, 지금도
누구나 갖고 싶어 하는
귀금속 중의 하나다.

　홈쇼핑 방송에서의 순금 주얼리 방송은 역시나 뜨거운 관심과
반응만큼 매출액도 상당하다. 순금 방송이 있는 날에는 내 블로그
(쇼호스트 김지아 블로그)의 방문자수도 엄청나다. 고객들이 얼마
나 순금에 관심이 많은지 금세 확인할 수 있다.

　금은 일반적으로 황금빛을 띠는 것이 대표적이지만 순금의 빛
깔은 황색, 보라색, 녹색 등 상태에 따라 변한다고 알려져 있다.

　금의 가장 큰 특징은 바로 '연성'과 '전성'에 있다. '연성'은 늘어
나는 것, '전성'은 얇게 퍼지는 것을 말한다. 연성이 뛰어난 광물은
금·은·백금·철·니켈·구리·알루미늄 순으로, 그중에서 금의 연
성은 은을 뛰어넘어 단연 으뜸이다. 금의 연성이 얼마만큼 뛰어난
가 하면, 1g의 금으로 약 3,000m의 금실을 뽑아낼 수 있을 정도라
고 한다. 금은 이렇게 뛰어난 연성과 전성 덕에 깨지거나 끊어짐
없이 늘릴 수 있고, 어떤 방향이나 모양으로든 넓게 펼 수 있기 때
문에 다양한 모양의 장신구를 만드는 데 용이하다.

금은 우리 휴대폰에도 들어간다. 이처럼 첨단과학과 산업의 복잡한 부품을 비롯해 일상에서의 활용이 가능하다. 장식을 위한 주얼리부터 산업에 필요한 부품까지, 그야말로 일당 백 역할을 하는 귀한 몸이다. 게다가 금은 영원성이 있다. 금은 산화되지 않고 때만 탈 뿐이다. 또 공기나 물이 닿아도 변하지 않는 성질이 있어서 유사시에 교환이 가능한 안전자산으로서의 가치가 매우 높다. 이런 점에서 금은 귀금속으로 각광을 받고 있는 것이다.

홈쇼핑에 입사한 지 얼마 안 되었을 때였는데, 협력업체 중에 '미다스의 손'이라는 별명이 붙여진 대표가 있었다. 론칭하는 상품마다 대박을 냈던 것이다. 미다스의 손? 의미를 확인해 보니, 역시 금과 연관된 이야기였다.

'미다스'는 그리스 신화에 등장하는 왕이다. 그는 디오니소스의 양부인 실레노스를 환대한 대가로 한 가지 소원을 이루게 되는데, 그것은 바로 그의 몸에 닿는 것마다 황금으로 변하는 것이었다. 하지만 먹어야 할 음식도 손에 닿기만 하면 금으로 변하고, 하다못해 파크톨로스 강에서 몸을 씻은 후에는 강에서 사금을 생산하는 등 여러 가지로 곤경에 처하게 되었다. 결국 미다스 왕은 가장 사랑하는 딸마저도 금으로 변하게 만든 비운의 왕이 되고 만다.

신화는 슬프게 끝나지만 현실에서는 이렇게 손대는 것마다 금으로 변하듯 경제적 부를 끌어올리는 손을 우리는 금을 만들어 내는 손, 즉 '미다스의 손'이라고 말한다.

미다스 왕의 소원이 다름 아닌 금을 얻는 것이었다는 점만 봐도 그 옛날에 금이 얼마나 소중하고 가치 있는 것이었는지를 짐작케 한다. 미다스 왕의 이야기는 사람들이 그토록 좋아하고 원하는 금을 통해 탐욕과 오만의 끝을 알려 주고자 함이 아니었을까 싶다.

금은 이렇게 신화 속에서도 쉽게 찾아볼 수 있듯이 그 가치는 오랜 세월에 걸쳐 지금까지 여전히 높아 과학과 산업, 일상에서 각광받는 대표적인 금속으로 자리하고 있다.

금의 컬러는 감출 수 없는 고급스러움을 드러낸다. 만약 자신을 꾸미는 데 있어서 어색하고 망설임이 있다면, 작은 사이즈의 귀걸이부터 혹은 얇은 링 반지 하나로 '골드' 포인트를 주면서 꾸민 듯 꾸미지 않은 듯 반짝이는 골드의 빛을 느껴 보는 것도 좋을 것 같다. 골드 컬러의 액세서리는 디자인에 따라 여러 분위기를 연출하기 쉬운 아이템으로, 그 제작 또한 다양해서 자신의 이미지를 바꿔 보는 데 큰 도움이 된다. 특히 골드의 누르스름한 색은 우리 피부와 자연스럽게 잘 어울리는 것 같아 더욱 만족스럽다.

변하지 않는 황금색의 골드를 어찌 사랑하지 않을 수 있을까? 비잔틴 제국 500~700년경의 왕족을 떠올리게 하는 골드 컬러, 부유함을 상징하는 컬러로 자리매김을 하고 있다.

골드 컬러는 남녀노소 가리지 않고 모두에게 잘 어울리는 색이라고 자신 있게 말하고 싶다. 저녁 이후의 모임에, 또는 그급 정보를 교환하거나 비공개 모임에 포인트로 골드 주얼리를 착용한다면, 고급스러움과 화려함으로 주변의 눈길을 끌기에 충분할 것이다.

03

나를
빛나게 해 주는
주얼리 코디 스타일링

"주얼리는 움직이는 예술품이다."라는 말이 있다. 어떤 주얼리를 선택하느냐의 안목이 바로 그 사람의 내적 자아의 표현으로 여겨지기도 한다.

주얼리의 올바른 연출법과 착용법, 표현법에 따라서 이미지가 높아지기도 하지만 반면에 반감될 경우가 있기 때문에 주얼리 코디는 매우 중요하다. 주얼리 착용 요령을 알아보고 효과적으로 표현해 보자.

Too Much

의상과 액서세리가
모두 강렬하다면 투머치!

ⓒ 이경옥

주얼리 코디 스타일링 1

내 체형에 맞는
액세서리 고르기

액세서리 체형별 코디법의 목적은 이미지를 업그레이드하고자 함이지 본연의 이미지를 완전히 싹 없애자는 것이 아니다. 사실 이 코너에서 정리한 코디법도 완전한 정답은 아니다. 왜냐하면 자신에게 가장 알맞은 코디법은 자기 자신이 제일 잘 알기 때문이다. 책을 통해 자신의 이미지에 맞는 스타일링을 참고하길 바라는 의미로 정리해 봤다.

우선 평상시 스타일링은 맘껏 자신의 개성이 드러나는 코디를 하길 바란다. 튀지 않는 것, 무난한 것이 꼭 정답은 아니기에 굳이 어떤 규칙을 한정 짓지 말자.

스타일링을 잘 하려면 자신의 스타일을 다양하게 시도해 보는

게 가장 좋다. "나는 이거 안 어울려.", "절대 못해." 이렇게 말하는 사람들은 1년 365일 평생 내내 그 스타일만 유지하게 되기 때문이다. 이를 시그니처라고 말하기엔 무리가 있다. 이는 곧 무개성이다.

용기를 내서 다양한 스타일에 도전해 보고 자신의 스타일을 만들어 나가보자. 아래의 내용을 참고하면서 말이다.

큰 키에 마른 체형

큰 키에 마른 체형! 내가 부러워하는 체형이다. 무심하게 툭 걸쳐도 패션모델처럼 분위기 있고 멋스럽다. 이런 체형이라면 과감함을 시도해 보자. 강렬한 패턴의 액세서리를 선택해도 좋을 것이다. 단, 강렬한 액세서리에는 심플한 의상이어야 한다는 것! 그래야 더욱 돋보일 수 있다. 의상과 액세서리가 모두 강렬하다면 좀 과하게 되어 엉망진창, 옷도 액세서리도 모두 보이지 않게 된다.

이런 체형은 대담한 디자인의 액세서리를 착용하면 몸매를 드러냄과 동시에 매력적인 스타일이 연출된다. 주의할 점은 긴 세로 패턴의 찰랑거리는 귀걸이보다는 입체적인 귀걸이를 권한다. 긴 귀걸이는 큰 키가 더욱 부각되고 볼륨감은 없어 보일 수 있기 때문이다.

큰 키에 보통 체형일 경우에는 디자인은 평범하더라도 사이즈가 큰 액세서리를 착용해 멋스럽고 시원스럽게 보이도록 한다. 자연 소재나 금속류의 액세서리가 잘 어울린다.

큰 키에 살찐 체형

우선, 키가 크다면 전반적으로 시원스러움을 표현하는 것이 중요하다. 하지만 주의할 것은, 큰 키에 살찐 체형은 자칫 여성스러움이 덜해 보일 수도 있다.

의상이나 헤어스타일 또한 단정한 차림이 어울린다. 모던함과 캐주얼 모두 잘 어울리는 이 체형은 액세서리 또한 단순한 패턴이 잘 어울린다. 따라서 심플한 디자인에 포인트가 있는 액세서리를 추천한다. 단, 선택과 집중의 스타일링을 하자. 예를 들어 목걸이면 목걸이 귀걸이면 귀걸이, 이렇게 한 가지에 포인트를 두는 것이 좋다.

보통 키에 마른 체형

대부분 부러워하는 이 체형도 단점을 보완하고 채워 줘야 할 팁이 있다. 바로 전체적으로 통일감을 주는 것이 자신의 체형을 살리면서도 결점을 보완할 수 있는 방법이다.

보통 키에 마른 체형은 베이직한 스타일로, 웬만한 디자인이나 패턴은 무난하게 소화할 수 있는 체형이기 때문에 다양한 것을 접하는 것도 한 방법이다. 그 다양성에서 자신의 직업이나 성향에 따라 편안하게 다가오는 것을 추구하면 된다.

보통 키에 보통 체형

나는 개인적으로 시크한 스타일을 좋아하지만, 솔직히 보통 키에 보통 체격인 나에게는 그다지 잘 어울리지 않는다. 나와 비슷한 보통 키에 보통 체형이라면 전체적으로 무난한 분위기를 만들기보다는 어느 한 곳에 포인트를 주어 약간은 특별하게 보일 수 있는 코디를 하는 것이 좋다. 액세서리는 로맨틱하고 페미닌한 것이 좋으며, 특히 여성스러운 로맨틱한 액세서리가 아주 잘 어울린다. 차분한 컬러의 의상을 선택했다면 우아한 분위기의 목걸이나 귀걸이로 포인트를 준다.

보통 키에 살찐 체형

작고 고급스러운 분위기의 액세서리를 이용하는 것이 좋다.

작은 키에 마른 체형

귀여운 느낌과 연약한 느낌을 동시에 주는 체형이므로 밝고 선명한 색상으로 발랄하고 건강한 느낌을 주는 것이 중요하다. 크고 대담한 스타일의 액세서리는 작은 키를 더욱 작게 보일 수 있으니 체형에 어울리는 앙증맞은 액세서리를 착용하는 게 좋다.

작은 키에 보통 체형

이 체형에는 귀여운 장점을 극대화하는 것이 중요하기 때문에 큰 링 귀걸이와 같은 큰 액세서리만 피한다면 무리가 없다. 작고 독특한 패턴의 액세서리를 착용하면 전체적인 분위기를 자연스럽게 연출할 수 있다. 또 블랙이나 레드 컬러로 특징을 주거나 해골 문양의 펜던트와 같은 유니크한 것을 활용해 보는 것도 좋다.

작은 키에 살찐 체형

귀엽고 깜찍한 분위기를 내는 것이 어울린다. 대담하거나 화려한 액세서리보다는 귀엽거나 심플한 디자인을 선택하는 것이 좋다. 피해야 할 것이 있다면 바로 오버사이즈다. 대부분 살찐 체형의 몸매를 커버해 준다는 생각에 오버사이즈를 선호하는 경향이 많은데, 오버사이즈는 살찐 체형과 작은 키를 더욱 도드라지게 할 수 있으므로 피하는 것이 좋다.

복잡한 것 같지만 정리를 해 보면, 코디네이션의 기준을 키에 뒀다. 즉, 액세서리 고르는 기준을 말랐거나 살이 찐 체형이 아니라 '키'에 그 기준을 둔 것이다. 작은 키는 묻히지 않게, 보통 키는 고급스럽고 여성스럽게, 큰 키는 화려하고 대담하게 스타일링을 참고해 보자.

그런데 체형에 맞는 스타일을 선택하는 것보다 더 중요한 것이 있다. 그것은 나를 표현하는 데 적극적이어야 한다는 것이다. 단점을 가리려고 하는 것보다 차라리 장점을 찾아 드러내자. 단점은 가린다고 가려지지 않는다. 대신 자신의 장점을 드러내면 오히려 장점이 단점을 덮을 수 있다.

나를 포함한 대부분의 여성들 심리가 살이 조금 찌면 블랙 등의 어두운 색상을 선호하게 되는데, 사실 블랙의 옷을 입는다고 기대하는 것만큼 날씬해 보이거나 체형이 가려지는 것은 아니다. 자꾸 가릴수록 가리려고 하는 의도가 보여져 오히려 더욱 눈에 띄기 쉽다. 반대로 내게 어울리는 의상으로 멋있게 꾸며 드러내면 자신감 있고 당당해 보인다. 그리하여 당당한 자신감이 체형의 결점을 충분히 가려줄 수 있다.

스타일링은 나를 돋보이게 하는 플러스의 개념이다. 나를 버려야 한다는 마이너스 개념이 아니다. 나 스스로 규정지어 한계를 만들지 말고, 또 나를 표현하는 데 있어서 소심함을 버리자. 말은 쉽지만 자신의 스타일에서 벗어나기란 정말 힘든 법이다.

옷장을 열어보면 입을 옷이 없다. 아마도 비슷한 옷들만 있어서 그럴지도 모르겠다. 간만에 마음먹고 산 완전히 다른 스타일의 옷은 결국 입어 보지도 못하고 지인에게 주든가, 한 번도 안 입고 계절을 보낸 적, 누구나 한 번쯤 있을 것이다. 나도 그렇다. 그러나 스타일도 도전하다 보면 우리도 패셔니스타가 되지 않을까?

모처럼 쇼핑을 나섰다면 이 옷은 이래서 싫고, 저 옷은 저래서 안 된다고 선을 긋기보다는 일단 입어보고 변화를 시도할 필요가 있다. 자신이 만든 한계에서 벗어나려는 노력, 바로 그 한계어서 벗어나는 순간, 비로소 또 다른 나의 세계가 열릴 것이다. 내가 몰랐던 나의 또 다른 스타일이 또 다른 일상과 또 다른 삶을 살아가게 만들어 줄 것이다.

반지를 잘 선택하는 방법

우선 얇고 가는 손가락이라면 섬세한 반지를, 굵은 손가락이라면 굵은 반지를 선택하는 것이 좋다. 즉, 자기 자신의 손가락과 비슷한 유형을 고르면 된다. 손가락이 길다면 여러 개의 반지를 레이어드하는 것도 멋지다.

팔찌를 잘 선택하는 방법

요즘 들어 팔찌의 인기가 대단하다. 팔찌는 의상을 돋보이고 연장되게 만든다. 단, 목걸이나 귀걸이와 함께 전체적으로 조화를 생각하며 착용하자. 그래야 전체적으로 시너지 효과를 낼 수 있다. 팔찌는 팔찌대로, 귀걸이는 귀걸이대로 각각 따로따로 생각 없이 연출한다면 요란하고 산만해 보이게 된다. 즉, 밸런스가 중요하다.

민소매에 팔찌를 착용하면 왠지 섹시한 느낌이 난다. 어느 날 아무것도 하기 싫을 때, 하지만 밋밋해 보여서 불만일 때 간단하게 팔찌 하나 정도를 착용해 보면 어떨까? 그야말로 간단하게 팔찌 하나 했을 뿐인데 만족스럽게도 스타일리쉬한 느낌을 받을 것이다.

팔찌처럼 발찌도 인기

언젠가부터 방송 아이템으로 팔찌와 발찌를 구성에 같이 넣은 상품들이 많아졌다. 여름에는 주로 맨발에 샌들을 신고 다니기 때문에 발이 금세 엉망이 되기도 하는데, 민망한 발에 발찌 하나를 채워 주면 그 민망함은 가려지고 발걸음을 옮길 때마다 기분 업, 스타일도 업된다.

얼굴을 대신하는 안경

안경을 선택할 때는 아주 까다롭게 고른다. 곧 자신의 얼굴이 되기 때문이다. 복잡한 선택 조합이 될 수밖에 없는 이유는 자신의 개성도 드러나야 하고 얼굴형에 따른 선택의 폭이 정해져 있어서다.

여자의 필수품 목걸이

목걸이는 여성이라면 누구나 좋아하는 아이템이다. 목걸이는 단연 목선, 피부톤 위에 바로 착용할 때가 가장 예쁘다. 겨울철에는 추워서 터틀넥을 입기도 하는데, 그럴 때는 터틀넥 위에 착용해도 좋다. 이때 주의할 점은 목걸이와 허리 벨트가 충돌하지 않도록 신경을 잘 써야 한다. 가능하면 둘 중의 하나만 드러나게 코디하고 긴 목걸이가 벨트 근처까지 내려와서 부딪힐 것 같은 스타일은 절대 피하자.

나는 기본 목걸이 길이(42~45cm)보다 50cm의 루즈한 길이의 목걸이를 좋아한다. 50cm 목걸이를 착용하면 실루엣이 더 자연스러워 보이고, 목도 가늘고 길어 보인다. 목이 짧다고 생각한다면 넉넉한 길이의 목걸이를 코디해 보자. 그러면 목걸이로 시선이 가면서 시선을 분산시켜 목이 굵거나 짧게 느껴지지 않을 것이다.

주얼리 코디 스타일링 2

작지만 큰 포인트,
헤어 액세서리 고르기

홈쇼핑 방송에서는 헤어 액세서리 방송도 많이 했었다. 지금은 홈쇼핑 목표 매출액이 워낙 커져서 헤어 액세서리가 편성되기 어렵지만, 예전에는 프랑스 핀대를 수입해서 유니크한 디자인의 헤어핀이 인기가 많았다. 귀걸이, 목걸이, 팔찌, 반지뿐만이 아니라 헤어 액세서리 시장도 무척 크다.

헤어 액세서리의 큰 장점은 한눈에 띄기 때문에 금방 시선을 끄는 효과가 있다. 실제로 시계나 팔찌를 하고 나갔을 때보다 헤어밴드나 헤어핀을 했을 때 사람들의 반응이 빠르다. 이유는 일단 눈에 띄기 때문이고, 스타일의 변화에 크게 영향을 미치기 때문이다.

나는 기분 전환으로 헤어 액세서리 쇼핑을 많이 하는 편이다. 너무 예뻐서 구입하지만, 평상시에는 거의 안 하고 다닌다. 헤어 액세서리 쇼핑은 손쉽게 살 만한 가격이기도 하고 기분 전환에도 그만이다. 헤어 액세서리류에는 머리핀, 헤어밴드, 헤어핀, 슈슈 등의 아이템이 있다.

헤어 액세서리는 장식의 의미도 있지만, 흘러내리는 머리카락을 정돈하고 단정하게 보여서 예를 지키는 모습으로도 자주 연출된다.

어느 날 음악회에 갔는데, 나이 지긋한 여성이 평범한 정장을 입고 머리에 반짝이는 주얼리 헤어핀을 꽂고 있었다. 단정하고 우아해 보여 여러 사람 속에서도 단연 눈에 띄었다. 그분은 '머리핀'이라는 헤어 액세서리 하나로 깔끔하고도 지적인 이미지를 보여 주었다. 이렇게 헤어 액세서리의 매력은 큰돈 들이지 않고도 자신의 이미지를 금세 크게 바꿔 줄 수 있다.

헤어 액세서리는 단점을 가려 주기도, 또 장점을 드러내기도 한다. 그럼, 헤어 액세서리의 선택 방법을 알아보자.

헤어 액세서리는 자신의 얼굴형에 따라 고르면 실패가 없다. 헤어 액세서리는 메이크업이나 의상보다 더 강하게 표출되므로 평소의 이미지를 확 바꾸고 싶을 때 시도해 보는 것이 좋다. 헤어가 주는 변신의 느낌은 굉장히 크다. 그 예를 얼굴형에 따른 헤어밴드 착용으로 살펴보자.

각진 얼굴형

각진 얼굴형이라면 시선을 얼굴 위쪽으로 분산시켜 주는 것이 좋다. 이때 굵기가 얇은 것은 피하자. 얇은 헤어밴드는 각진 얼굴을 더욱 부각시킬 수 있기 때문이다.

달걀 얼굴형

달걀형의 얼굴은 어떤 스타일도 무난히 잘 어울리기 때문에 크게 피해야 할 헤어 액세서리는 없다. 단지 헤어밴드를 할 때는 머리카락의 볼륨을 잘 살려야 한다. 앞머리를 살짝 띄워 준 후 헤어밴드를 머리 위에 얹는다는 느낌으로 하면 예뻐 보인다.

큰 얼굴형

얼굴이 큰 경우에는 앞머리를 내리고 헤어밴드를 착용하는 것도 효과적인 스타일링의 한 방법이다. 헤어밴드의 굵기는 중간 정도로 선택하자. 큰 얼굴형에는 헤어밴드의 굵기가 얇으면 헤어밴드를 착용하는 효과가 뚜렷하게 나타나지 않기 때문이다. 또한 굵기가 두꺼운 헤어밴드나 유니크한 장식은 피하는 게 좋다. 장식이 지나친 것이 오히려 얼굴형을 부각시킬 수 있기 때문이다. 중간 정도의 굵기와 부드러운 이미지의 장식을 선택하자.

긴 얼굴형

이 얼굴형은 앞머리를 내리는 것이 좋고, 앞머리가 없다면 옆머리를 조금 빼서 헤어밴드를 착용하는 것이 예쁜 얼굴형으로 보이게 하는 방법이다. 살짝은 화려하다 싶은 헤어밴드를 선택해도 좋다. 시선을 위쪽으로 분산시켜 주는 데 효과적이다.

조화와 대비

액세서리는 대개 보조적인 역할을 한다고 생각하지만 사실 주목받는 데는 결정적인 역할을 한다. 연예인들을 보면 누구나 할 것 없이 액세서리에 특별히 더 신경을 쓴다. 선택한 액세서리가 곧 그들의 이미지가 되기도 하기 때문이다.

어떤 이유에서든 액세서리 착용 시 결코 잊어서는 안 되는 것이 바로 '조화의 아름다움'이다. 나의 이미지와 액세서리와의 조화, 내가 입은 의상과의 조화 등 조화로운 코디네이션이 될 때 내가 바라던 그 이상의 시너지 효과를 얻을 수 있다.

블랙 의상을 입을 때 추천할 수 있는 예로, 톤 앤 톤으로 블랙 오닉스를 매칭해 보자. 오닉스도 블랙이라서 옷에 묻힐 것 같지만 면면이 커팅된 오닉스의 반짝임은 우리에게 반전의 아름다움을 선사한다. 기대하지 않았던 올 블랙에서 슬쩍슬쩍 반짝이는 오닉스의 아름다움은 세련된 여성으로 보이기에 충분하다. 보석과 내가 조화롭게 어울리면 희한하게도 보석이 빛나는 게 아니라 내가 빛나는 사람으로 보이게 된다. 그래서 조화로운 보석 선택이 더욱 중요한 것이다. 반대로 조화롭지 않다면 보석만 반짝이고 사람은 초라해지는 상황이 되어 버린다. 그러기에 선택의 안목은 매우 중요하다.

또한, 블랙 의상에 화이트의 다이아몬드를 착용한다면 빛나는 다이아몬드를 극대화시킬 수 있다. 하지만 너무 빤한 클래식한 스타일링은 매력 있게 보이지 않는다. 게다가 지나치게 큰 사이즈이거나 화려한 큐빅 목걸이를 착용한다면 사람들의 시선은 보석에만 꽂힐지도 모른다. '진짜일까? 가짜일까?' 하며 엉뚱한 쪽으로 관심을 가질 수 있다는 뜻이다.

그럼, 블랙 의상에 진주는 어떨까? 진주는 두말하면 잔소리라고 할 정도로 우아함에는 그 어떤 것도 따라올 수 없다.

몇 가지 팁을 정리하자면, 우선 피부톤을 생각해 액세서리를 선택해야 한다. 피부톤과 대비되는 색을 고르는 것이 좋은데, 하얀 피부라면 루비 같은 빨간색으로 선택하자. 루비는 하얀 피부를 더욱 돋보이게 한다.

체형적인 면에서 반지의 경우, 손가락이 가늘다면 몇 겹의 레이어드 반지를 착용해서 볼륨감을 표현해 보고, 손가락이 굵다면 얇은 링 반지로 손을 가늘고 길게 느껴지도록 해 본다.

　브로치는 어깨 쪽으로 부착하면 시선을 위로 끌어올리는 효과가 있어서 키가 커 보이게 한다. 만약 목에 주름이 많은 것이 콤플렉스라면 두께감이 있는 목걸이를 해 가려 주는 역할을 기대해 볼 수 있다. 또는 펜던트를 화려하게 해서 시선을 분산시키는 것도 하나의 방법이다.

　이렇게 액세서리의 조화로움과 대비를 이용하면 자신의 약점은 가려 주고 이미지는 높여 줄 수 있어 플러스 효과를 얻을 수 있다.

주얼리 코디 스타일링 4

컬러 스타일링

　옷맵시 감각을 알 수 있는 가장 중요한 요소는 '컬러의 조화'다. 컬러의 조화를 잘 이룬 옷차림은 자기만족뿐 아니라 다른 사람들에게도 좋은 이미지를 주는 것은 물론 체형의 단점을 커버하는 데도 도움이 된다.

　내가 보석을 좋아하게 된 이유는 바로 자연이 만들어 준 예쁜 색 때문이다. 자연의 탄생과 퇴화 속에서 자연스레 만들어진 색감이 그대로 들어 있어서 마치 우주의 신비를 알려 주는 것 같았다.

　보석의 색상만으로도 여성의 이미지를 바꾸고 도움받을 수 있다. 다섯 가지 톤의 컬러와 그 이미지에 대해 알아보고 내 스타일에 도움을 받아보자.

모노톤

흰색, 검정색, 회색 계통을 '모노톤'이라고 한다. 모노톤은 멋을 아는 여성들에게 영원히 사랑받는 톤이다. 이 컬러는 은은하면서도 세련된 멋을 풍기므로 패션 컬러의 기본 중 기본이다. 모던한 감각의 입기 좋은 색상으로 심플한 스타일에 특히 더 잘 어울린다.

파스텔톤

소녀같이 부드럽고 예쁜 핑크, 크림색, 그리고 민트, 파스텔블루, 하늘색 계통의 컬러는 화사함을 선사한다. 이런 파스텔톤은 경쾌한 느낌, 스포티한 감각을 표현해 준다. 단, 색이 옅기 때문에 팽창 효과가 크다.

비비드톤

화려한 느낌을 주는 비비드톤, 그 안에는 빨강·주황·노랑·연두·초록 계통의 순색이 들어가 있다. 비비드톤은 원색적이어서 자유분방한 이미지를 주며, 활달하고 캐주얼한 분위기에 잘 어울린다.

디프톤

화려한 비비드톤에 검정색이 약간 섞인 톤이다. 깊고 중후한 색감의 톤으로 화사함과 품위, 심오함을 준다. 포도주색, 흑갈색, 겨자색, 감색 계통이 있다.

내추럴톤

내추럴톤은 차분하고 지적인 느낌이다. 베이지·카키·브라운·올리브그린 계통으로, 자유롭고 편안한 캐주얼에도 어울리며 세련된 정장에도 잘 어울린다.

주얼리 코디 스타일링 5

행운을 부르는 면접 주얼리

흔히 총명한 사람의 눈에서는 빛이 난다고 하는데, 귀걸이의 힘을 빌려서라도 빛나는 나를 만들어 보자.

여배우들이 촬영을 할 때는 얼굴 아래에 반사판을 놓고 반사된 빛의 화사함을 쏘여 준다. 바로 그런 효과를 내기에 적합한 주얼리 아이템이 '귀걸이'이다. 그런데 우리나라 면접장에서 아직까지는 액세서리 착용이 엄격히 제한되는 분위기다. 특히 남성들의 주얼리 착용은 더더욱 상상할 수도 없다.

하지만 먼 옛날, 서양이나 우리나라의 삼국시대만 해도 남녀를 가리지 않고 모두 귀걸이를 했다. 발견되는 유물들을 통해 알 수 있듯이 이는 장신구의 역할로도, 신분을 표시하는 수단으로도, 또 부유함을 나타내는 수단으로도 쓰였다고 전해진다. 그러나 조선 시대에 들어와서는 유교의 영향으로 남녀 모두 장신구를 착용하는 분위기가 엄격해졌다. 이제 시대가 흘러 최근에 들어서는 댕글거리는 귀걸이를 착용한 남자 아이돌의 모습을 TV에서 자주 본다. 자신을 드러내고 알리기 위해서 시선을 끄는 빛나는 주얼리가 그 역할을 제대로 하고 있는 것이다.

다시 본론으로 돌아가서, 면접인데 재킷 정장 차림에 액세서리를 할까, 말까? 만약 한다면 어떤 걸로 할까? 중요한 날인만큼 망설이지 않을 수가 없다. 다음과 같이 간단하게 정리한 내용을 참고해 본다면 그 망설임은 곧 결단을 내리게 되고, 주얼리로 자신감을 갖게 될 것이다.

단정한 재킷이나 블라우스를 입고 나서기 전, 주얼리를 착용한다면 귀걸이가 가장 효과적인 아이템이라고 말할 수 있다. 면접에서는 목선이 드러난 옷을 입지 않기 때문에 목걸이는 제외한다. 귀걸이는 사람과 사람이 서로 마주할 때 시선이 머무는 아이템으로서 큰 역할을 한다.

면접을 성공적으로 이끄는 스타일링을 위해 귀걸이를 중심으로 살펴보자. 스타일링에는 개인의 기호나 신체 사이즈 등 변수가 다양하지만 우선, 일반 사무직의 기본 스타일링을 제안해 보자.

링 귀걸이는 No!

링 귀걸이는 작든 크든 간에 캐주얼한 분위기를 준다. 따라서 단정함과 깔끔함으로 무장된 면접 의상과는 그다지 조화롭지 않으며, 경쾌한 분위기를 만들기에 오히려 가벼운 이미지를 줄 수 있다.

따라서 성실하고 진지한 이미지를 보이고 싶은 일반 사무직 면접자에게 링 귀걸이는 적합하지 않다. 링 귀걸이는 캐주얼 차림에 코디하는 것이 좋다.

컬러풀한 귀걸이도 Out!

빨강, 초록, 파랑 등 시선을 확 잡는 강한 색 귀걸이는 지양한다. 왜냐하면 자칫 잘못하면 나를 보여 줘야 하는 면접에서 컬러풀한 귀걸이에 집중되어 나의 본 이미지를 부각시키는 데 방해가 될 수 있기 때문이다. 경우에 따라서는 완고한 면접관이라면 귀걸이 하나 때문에 개성이 지나치게 강한 사람으로 오해할 수도 있다. 직장생활에서 으뜸으로 꼽는 '인화단결'과는 거리가 먼 이미지로 여길 것이다.

개성이 강한 스타일링은 특별히 개성을 강조하는 분야의 회사라면 강력 추천한다. 그러나 일반 업무를 보는 회사의 면접이라면 신입다운 깨끗한 이미지로 코디하도록 하자.

캐릭터, 태슬 등 장식이 요란한 귀걸이도 NO!

요즘 긴 귀걸이가 큰 유행이다. 언밸런스하게 한쪽 귀에만 착용하기도 하고, 일반적인 길이를 뛰어넘어 어깨까지 내려오는 긴 귀걸이를 머리카락처럼 늘어뜨리고 다니기도 한다.

이런 종류의 귀걸이는 대부분 '달랑거림'이 생명인 것으로, 데이트를 하거나 행사장에서 주목받기에는 훌륭한 역할을 한다. 다시 말해 샹젤리제처럼 화려하게 빛나도록 하는 것이다. 이런 귀걸이는 자신이 어떤 사람인지, 어떤 생각을 하는 사람인지는 중요하지 않다. 그냥 첫눈에 이목을 끌기 위한 무기 역할이 될 뿐이다. 이런 분위기를 만드는 귀걸이는 면접에서 사용하면 안 된다. 일반 회사의 면접은 성실하게 최선을 다해 업무에 임할 사람을 정하는 곳이므로 귀걸이에 시선을 빼앗기지 말고 나를 보게 만들어야 한다.

예전에 회사의 최종 면접에서 면접자들 모두 '화이트 상의에 블랙 하의 의상 착용'이라는 똑같은 조건으로 면접을 진행했다. 예비 쇼호스트들의 개성 강한 이미지들이 많다 보니 미스코리아 행사장 같은 분위기를 사전에 방지하려는 의도가 있었던 것 같다. 강한 개성이 그리 중요하지 않다는 회사의 입장을 보여 준 면접이기도 했다.

그런 상황에서도 면접자들은 자신만의 장점을 면접관에게 어떻게 각인시킬까 고민하지 않을 수 없다. 역시나 면접자들은 그 와중에도 자신을 드러내기 위해 고민하고, 또 실제로 표현했다.

많은 도전자들 중에는 조건대로 밋밋하게 의상만 입은 사람들이 있는가 하면 귀걸이를 착용한 사람들도 있었다. 귀걸이를 한 사람 중에는 주렁주렁 늘어지는 귀걸이를 한 사람, 보일 듯 말 듯 작은 귀걸이를 한 사람, 동그란 얼굴인데 커다란 링 귀걸이를 해서 얼굴형을 더욱 강조한 사람, 여배우의 시상식처럼 지나친 반짝거림으로 귀걸이만 돋보이게 한 사람 등 모두들 '귀걸이'라는 최소한의 액세서리로 자신을 최대한으로 드러내려고 노력하고 있었다.

이처럼 동일한 조건을 제시해도 누구나 자신을 돋보이고자 하는 욕망은 실로 엄청나다. 그리고 그런 욕망은 각자 다르게 표현되고, 그에 따라 결과도 다르게 된다.

그럼, 보다 효율적으로 플러스 효과를 내는 방법은 무엇일까? 디테일하고 방대한 내용을 다 알기는 어렵지만 적어도 위의 세 가지 경우의 귀걸이만이라도 주의한다면 그 속에서 더 좋은 자기만의 이미지 표출법을 감지할 수 있을 것이다.

대부분의 면접 관련 스타일링법을 읽으면 '하지 마라', '이렇게 해라' 등 수학 공식처럼 써놓은 것이 많다. 그래서 우린 그 이유도 잘 알지 못하면서 정해진 범주에서 벗어나면 큰일 나는 것처럼 여기고 긴장하기도 한다. 면접 스타일링 방법이 생긴 이유는, 지나친 개성보다는 회사에 보여 줘야 할 전체적인 이미지를 어필하기 위해서일 것이다.

　보통 누군가에게 잘 보이고 싶을 때는 나도 모르게 과도해지는 경우가 있다. 평상시에는 스타일링을 잘 하다가도 정작 데이트하는 날에는 엉망이 되는 것처럼 면접날에는 오히려 머리가 하얘지고 뭘 어떻게 해야 할지 모를 때가 있다. 따라서 면접날의 의상과 주얼리는 모던하게 포인트만 살짝 살린다. 작고 심플하게 포인트가 될 만한 액세서리로 귀걸이나 목걸이 둘 중 하나만 선택하는 것이 좋은데, 되도록이면 귀걸이를 추천하고, 혹시 목걸이를 선택한다면 펜던트가 작은 것을 권한다.

　원석의 소재 또한 중요하다. 왜냐하면 보석 자체에서 풍겨지는 분위기가 그 사람의 이미지를 한층 업그레이드시켜 주기 때문이다. 진주는 단아하면서도 깔끔하고 은근히 부드러운 매력을 풍긴다. 심플한 진주 링 귀걸이 정도라면 괜찮다. 단, 큐빅이 비교적 크거나 주렁주렁 길게 늘어지는 귀걸이 등은 응시자에게 집중이 되지 않으므로 반드시 피하자.

　컬러 또한 중요한 역할을 한다. 면접 시 대표적으로 많이 착용하는 컬러는 골드와 실버로, 골드는 안정적이고 따뜻한 느낌을 주며 실버는 조금 차갑지만 세련된 느낌을 준다는 점을 상식으로 알아두자. 골드나 실버 어느 것이든 피부톤에 맞나 한번 착용해 봤을 때 얼굴이 화사해 보이는 컬러가 바로 자기에게 가장 잘 어울리는 컬러라고 판단하면 된다.

주얼리를 효율적으로 활용하는 꿀팁은 간단히 말해서 몇 가지 주의할 점을 지키면서 자기 자신이 어색하지 않고 예뻐 보이도록 착용하는 것이다.

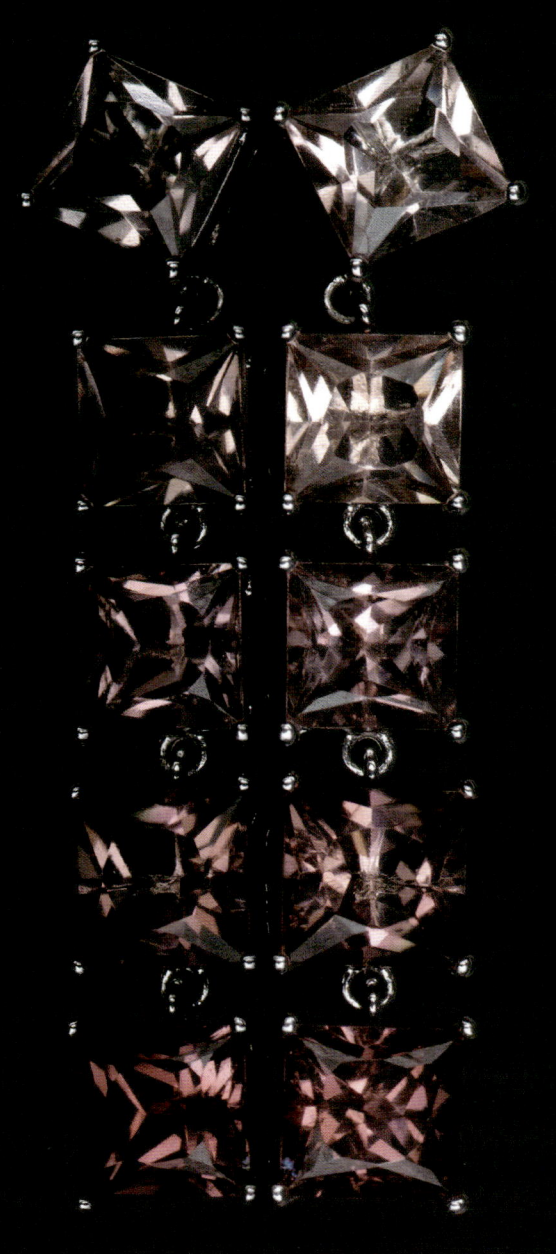

04

꼭 알아야 할
주얼리 상식

보석의 감별과 감정,
한 끗 차이가 큰 차이

'감별'이란 한마디로 진짜인지 가짜인지를 판별하는 것으로, 나아가 보석에 처리를 했는지의 여부까지도 알아낸다. '감정'은 가치를 정해 놓은 기준에 따라 원석의 등급을 알아내는 것을 말한다. 보석은 보통 '감별'을 통해서 '감정'을 하는 수순을 거치게 된다. 유색석은 워낙 범위가 넓

GIA 국제보석감정사 김지아

기 때문에 일반적으로 '감별서'를 발급하며, 다이아몬드는 그 가치 기준에 따라 '감정서'를 발급하게 된다.

우리는 보석의 진위 여부를 감별한 다음, 그 가치에 대해서 가장 궁금해한다. 보석의 가치 기준은 무엇일까? 그 기준은 크게 다이아몬드와 유색석으로 나누어 살펴볼 수 있다.

유색석과 다이아몬드는 가치를 두는 포인트가 살짝 다르다. 유색석은 컬러의 선명함이 가장 큰 가치의 기준이 되는 반면, 다이아몬드는 GIA가 정한 대로 4C 항목을 골고루 엄격하게 적용, 감정하고 있다. 다이아몬드의 감정 기준 4C는 색상(Color), 투명도(Clarity), 중량(Carat) 및 연마(Cut)의 네 가지이다. 또한 유색석에서는 천연이냐 아니냐를 구별한 후 천연석이라고 할지라도 처리를 한 천연석인지 등의 감별 작업이 중요시된다.

4C에 따라 감정, 높이 평가된 다이아몬드 반지. 다이아몬드의 우아한 품위가 느껴진다.

다이아몬드의 가치 기준 4C

중량(캐럿, Carat)

우리가 갖고 있는 다이아몬드 1캐럿의 환상, 어마어마하게 여겼던 다이아몬드 1캐럿의 중량은 바로 0.2g이다. 중량이 클수록 가치도 크다.

색상(Color)

컬러는 깨끗한 다이아몬드를 더욱 깨끗하게 보이도록 하기에 또 하나의 가치 기준이 된다. 보통 우리나라의 예물에는 G컬러를 많이 사용하는데, D컬러부터 시작하는 다이아몬드는 공업용 다이아몬드로 사용되는 Z까지 있다. 그러나 팬시 다이아몬드로 불리는 아주 희소한 핑크, 블루, 블랙 등의 컬러 다이아몬드는 그야말로 부르는 게 값이다. 아름답기도 하지만, 무엇보다도 굉장히 귀하기 때문이다.

투명도(Clarity)

다이아몬드는 내포물의 양에 따라 깨끗해 보이기도 하고 지저분해 보이기도 한다. 투명도는 다이아몬드의 가치를 정하는 데 중요한 요소가 된다.

연마(Cut)

다이아몬드는 연마(커팅)에 따라 반짝이는 빛의 차이가 크기 때문에 58면, 82면, 102면 등 커팅 면이 가치 기준에 중요한 요소로 작용한다. 보통은 58면 커팅이 많이 쓰이고 있다.

GIA 4C 등급 기준

01 중량(캐럿, Carat)

· 다이아몬드의 무게를 나타내는 기본 단위
· 1캐럿=0.2g

0.05ct 2.4mm	0.10ct 3.0mm	0.15ct 3.4mm	0.20ct 3.8mm	0.20ct 3.8mm
0.33ct 4.4mm	0.51ct 5.0mm	0.60ct 5.3mm	0.75ct 5.7mm	0.90ct 6.2mm
1.00ct 6.4mm	1.25ct 6.9mm	1.50ct 7.3mm	1.75ct 7.7mm	2.00ct 8.1mm

02 색상(Color)

· 색이 투명에 가까울수록 더 비싸고 좋은 품질
· 팬시 다이아몬드(색이 있는 다이아몬드)
　→ 컬러가 선명/색이 짙을수록 높은 가격

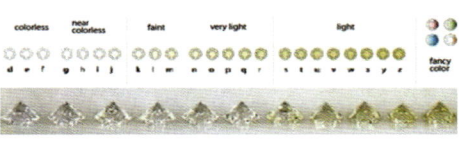

03 투명도(Clarity)

· 흠집이 없을수록 높은 가치를 지님.

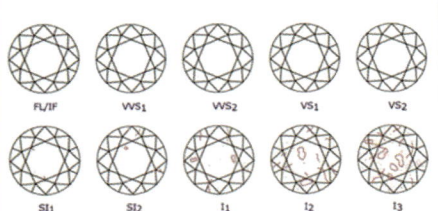

FL/IF   VVS₁   VVS₂   VS₁   VS₂
SI₁   SI₂   I₁   I₂   I₃

04 커팅(Cut)

· 엑설런트(Excellent)
· 베리굿(Very Good)
· 굿(Good)
· 페어(Fair)
· 푸어(Poor)

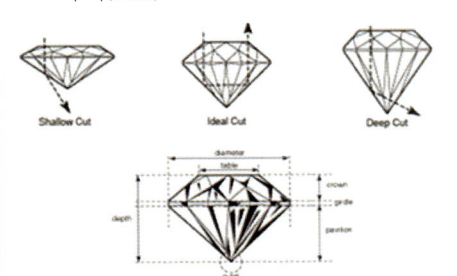

Shallow Cut   Ideal Cut   Deep Cut

캐럿(Carat)과 캐럿(Karat)

"어머, 세상에 이럴 수가!"

친구 아들 이름이 '새현'이가 아니라 '세현'이란다. 어릴 적부터 수없이 불러왔는데 정확한 이름을 이제야 알았다니, 친구 보기에 민망했다. 언뜻 들으면 같은 발음으로 느껴져 내 나름대로 '새현'이라고 생각했던 것 같다. 엄연히 다른 이름인데 말이다.

그런데 재미있는 건 보석의 경우에도 이런 경우가 있다. 누구나 알고 있는, 너무 익숙해 그다지 궁금해하지 않았던 보석의 단위 '캐럿(Carat)'과 '캐럿(Karat)'이 바로 그렇다.

'캐럿(Carat)'은 뭐고, 또 '캐럿(Karat)'은 뭘까? 아마도 지금 처음 알게 된 사람도 있을 것이다. 이 두 단어는 말장난, 또는 비슷한말 같아 보이지만 분명히 그 의미가 다르다.

우선, 캐럿(Carat)부터 알아보자. 결론부터 말하면 캐럿(Carat)은 보석 중의 보석 다이아몬드의 무게 단위로 쓰인다. 캐럿은 '캐럽(Carob)'이라는 나무의 열매에서 유래되었다고 한다. 캐럽나무의

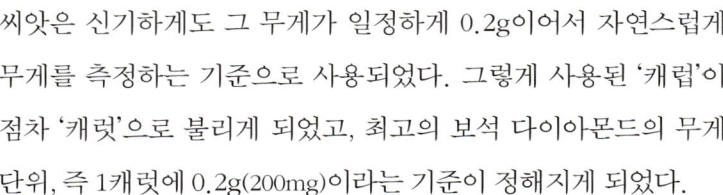

씨앗은 신기하게도 그 무게가 일정하게 0.2g이어서 자연스럽게 무게를 측정하는 기준으로 사용되었다. 그렇게 사용된 '캐럽'이 점차 '캐럿'으로 불리게 되었고, 최고의 보석 다이아몬드의 무게 단위, 즉 1캐럿에 0.2g(200mg)이라는 기준이 정해지게 되었다.

난 이 사실에 깜짝 놀랐다. 1캐럿의 다이아몬드가 있다고 자랑하던 친구들, 그 어마어마하게 여긴 1캐럿의 다이아몬드가 겨우 0.2g이었다니⋯⋯. 조금은 허탈했다. 아름다움 그 자체로만 다이아몬드를 봤다면 실망할 것도 없겠지만, 혹시나 크기에 자부심을 느꼈다면 결코 만족할 만한 중량은 아니기 때문이다.

이번에는 같은 발음의 캐럿(Karat)에 대해 알아보자. 캐럿(Karat)은 순금 함유량을 나타내는 단위다. 보통 'K'라고 말한다. 금은 순도가 중요한데, 순도 함량 정도에 따라 24K·18K·14K 등으로 구별한다. 이렇게 다이아몬드의 무게 단위 캐럿(Carat)과 발음이 비슷해 같은 것으로 여길 수도 있다.

그렇다면, 금의 단위는 미세한 차이지만 왜 '캐럿(Karat)'을 사용하는 걸까? 금의 단위 캐럿 역시 캐럽나무와 깊은 관계가 있다. 캐

럽 열매를 어른 손으로 한 손 가득 쥐었을 때 정확히 24개가 잡힌다는 그리 철저하지 않은 계산법에서 유래되었다. 그래서 순도가 가장 높은 99.99%의 순금을 24K로 표시했다고 한다. 즉, 동일한 캐럽 열매를 한 손 가득 잡은 24개를 100%라고 본 것이다.

금은 연성과 전성이 뛰어나기에 100% 금만을 사용하는 것이 아니라 세공을 하기 위해서 또는 다양한 색을 표현하기 위해서 '합금'이라는 작업을 하게 된다. 따라서 어느 정도의 금이 포함되는가에 따라서 24K, 18K, 14K가 된다. 24K를 순수한 금 100%라고 보면, 18K는 75%, 14K는 58.5%의 금이 들어가 있다. 외국에서는 8K, 10K 금도 주얼리로 많이 사용되고 있다.

이렇듯 캐럿(Carat)과 캐럿(Karat)은 같은 발음이지만 그 쓰임과 의미가 분명히 다르다.

화이트골드, 옐로골드, 핑크골드, 그리고 백금

금은 함량에 따라 24K ·18K ·14K도 있고, 컬러에 따라 화이트골드·옐로골드·핑크골드가 있으며, 그리고 백금이라는 것도 있다. 익숙하게 많이 들어본 말이지만 왜 그렇게 나뉘는지, 무슨 차이인지는 잘 모르는 경우가 많다. 한마디로 정리하자면 금과 벅금은 완전히 다른 종류로, 서로 다른 집안이다. 금에 관한 내용들을 쉽게 정리해 보자.

금

순수한 금은 '24K'로 정의된다. 이 세상에 완벽한 100%의 금은 없다. 왜냐하면 금이란 온전하게 한 덩어리로 추출되는 게 아니기 때문이다. 그래서 미세하게나마 다른 물질이 섞일 수밖에 없다. 그리하여 순도가 가장 높은 금은 99.99%이며, '24K' 혹은 '순금'이라고 한다.

금의 색은 누르스름하며, 공기 중에서도 변하지 않는 안전한 금속이다. 그래서 영원성이 있다고 말하는데, 산화되지 않기에 부식되지도 않는다. 아주 오래된 왕관과 금화 등의 보물과 유물이 지금까지도 보존되는 이유가 바로 이 때문이다.

금의 녹는점은 1064℃이며, 세공 후엔 더욱 찬란한 빛이 난다. 금은 빛이 투과할 정도로 전성(퍼지는 성질)이 좋다. 금박을 떠올리면 쉽게 이해할 수 있을 것이다. 또한 연성(실처럼 뽑혀 나오는 성질)이 높아서 금실로 뽑을 수도 있다.

다양한 골드 컬러

24K 순금의 황금색, 그 누르스름함은 조금은 촌스럽게 느껴지기도 한다. 그래서 색의 고급스러움을 위해 다른 금속을 섞어 다양한 컬러를 만든다.

순금에 어느 금속을 더 넣느냐에 따라서 핑크골드, 화이트골드, 옐로골드가 된다. 구리가 많이 들어가면 붉은색을 띠는 레드골드가 되고, 은이 더 들어가면 옐로골드(레몬빛 골드), 구리에 니켈이나 팔라듐을 조금 섞으면 핑크골드가 된다.

이런 색을 내기 위해서는 합금의 비율이 중요하다. 마치 집집

핑크골드

옐로골드

앤틱 처리한 골드

마다 양념 비율이 달라 음식 맛이 다르듯이 금의 색도 브랜드마다 약간씩은 다를 수 있다.

화이트골드는 금에 팔라듐을 섞어 만드는데, 하얀 금이라고 하며 'WG'로 표시한다. 화이트골드는 금의 함량에 어떤 물질을 혼합하는지에 따라 색상이 변하게 되므로 흰색을 띠는 금속을 합금하여 흰색에 가까워졌을 때 비로소 완성된다.

화이트골드, 옐로골드, 핑크골드 등 다양한 컬러의 골드는 젊은 층에게 많은 사랑을 받고 있다.

14K, 18K

합금할 때 금의 함량이 어느 정도 들어가는지에 따라 14K, 18K가 된다. 금의 함량이 75% 들어가면 18K 골드, 58.5% 들어가면 14K 골드가 되는 것이다. 예를 들어 18K는 75%가 금, 나머지 25%는 은과 구리, 그리고 다른 금속이 미량 들어간다. 각 비율은 업체의 노하우로 진행된다.

금 주얼리를 구입했을 때 뒤의 잠금 부분 등에 각인이 되어 있는 숫자가 바로 금의 함량을 의미한다. 18K는 750, 14K는 585라고 각인되어 있다.

백금

화이트골드(백색 금)와 백금은 다르다. 백금을 영어로 번역하다 보니 '화이트'로 번역되어 백금과 혼동하게 되는데, 집안으로 말하자면 완전히 다른 집안이다.

백금은 단일 금속이며 이름처럼 하얀색 종류의 금이다. '플래티넘'이라고 불리며, PT로 표기된다. 반면 화이트골드(백색 금)는 순금에 다른 금속이 합금된 하얀색의 금을 말하며, WG로 표기된다. 일본 사람들은 이 백금을 특히 좋아해 가능하면 결혼식 예물은 백금으로 세팅한다고 알려져 있다.

백금은 금과는 성질도 다르다. 연성과 전성은 좋지만 세공이 좀 더 까다롭고 채굴량도 많지 않다. 산에 강해 절대로 변색이 되지 않는다는 성질을 갖고 있어서 금속의 다이아몬드라고도 부른다. 그래서 좀 더 비싸다.

백금족에는 루테늄·로듐·팔라듐·오스뮴·이리듐 등이 있으며, 우리가 말하는 백금은 플래티넘(Platinum)을 말한다. 백금은 가공한 것이 아닌 땅속에서 캐내는 금속으로, 제품으로 가공할 때 일반적으로 팔라듐을 섞어서 만들게 된다. 다른 금속을 섞는 이유는 플래티넘이 워낙 단단하여 가공이 까다롭기 때문인데, 금보다 더 단단해 가공하는 데 많은 시간과 비용이 들기에 그만큼 가격이 높을 수밖에 없다. 백금에 팔라듐을 10% 함유해 가공했다면 플래티넘이 90%이므로 각인은 'PT 900'이라 표기하고, 팔라듐이 30% 섞였다면 'PT 700'으로 각인한다.

잠깐!

합금을 하는 이유

예전에 어른들은 금인지 아닌지 확인하기 위해서 이로 깨물어 보기도 했다. 순금은 무르기 때문에 이빨 자욱이 나면 금이라고 생각했던 것이다. 이처럼 순금은 주얼리로 사용하기에는 내구성이 약해 주로 합금을 하게 된다. 순금에 다른 금속을 섞으면 강도가 높아져 단단해지고, 색도 예뻐진다.

실버와 스털링 실버

실버는 많이 애용되는 주얼리 소재로, 가격대도 비교적 낮아 좋으나 단지 색이 변하고 견고성이 좀 떨어지는 면이 있다. 그런 단점을 보완한 것이 바로 스털링 실버로, '925'라고 알려져 있다.

스털링 실버는 순수 은에 견고함을 위해 합금을 한 것으로, 합금의 소재는 주로 동을 사용한다. 24K 순금이 견고성이 떨어져 합금을 한 것과 마찬가지다. 이렇게 합금을 하면 공기 중에 산화되어 변색되는 것을 보완할 수 있고, 주얼리로 세팅 시에도 기포를 줄일 수 있는 장점이 있다.

이 은의 합금이 처음부터 '스털링 실버'라는 이름으로 불린 것은 아니다. 오랜 시간을 지나오면서 지금의 이름으로 정착되었다.

옛날에 독일의 동쪽 경제 도시 '이스털링'은 영국과 거대 무역을 하게 되었다. 그때 거래되던 돈

영국의 1페니 은화

이 바로 925 합금의 은화였고, 바로 이 은화를 '이스털링 실버'라고 하였다. 이스털링 실버는 이후 스털링 실버'라고 부르게 되었다고 한다. 단단한 은화를 만드는 방법에 대해 노하우가 생긴 영국에서는 헨리 2세 때 92.5% 순도의 실버를 표준 화폐로 채택하게 되었다.

외국에서는 이미 오래전부터 스털링 실버가 고급 실버 주얼리라는 인식이 형성되어 있다. 우리가 익히 잘 아는 세계적인 명품 주얼리 '티파니'의 실버 라인은 유명하고, 그 외 다른 유명 메이커들도 실버 주얼리를 많이 선보이고 있다.

실버 주얼리에는 '925 Silver'라고 각인이 되어 있는데, 바로 이것이 스털링 실버를 뜻하는 것이다. 실버 주얼리 제품을 구입하게 되면, '925/925 Silver/SV 925' 마크를 확인해 보자.

식기로도 널리 쓰이는 스털링 실버

우리나라에서 인기 있는
혼수용 5대 예물

보석이 될 수 있는 다섯 가지 조건에 가장 부합되며, 많은 사람들이 선호하는 만큼 높은 가치를 지닌 보석 네 가지를 고르라면 다이아몬드, 루비, 사파이어, 에메랄드를 꼽는다. 보석은 잘 몰라도 이 네 가지 보석에 대해서는 알고 있다며 대부분 고개를 끄덕일 것이다. 특히, 결혼을 앞두고 있거나 이미 결혼을 한 기혼 여성이라면 이 네 가지 보석에 대한 가치는 너무나도 잘 알고 있을 것이다.

다이아몬드는 결혼의 의미로 가장 많이 알려져 있다. 14세기부터 웨딩링으로 사용되었다고 전해지는 만큼 웨딩을 상징하는 대

표적인 예물이다. '깨지지 않는 아름다움'이란 슬로건 아래 영원한 사랑을 의미하며, 많은 사랑을 받는 보석이다.

영원한 사랑을 의미하는 다이아몬드

루비는 붉은 보석을 대표하는 것으로, 정열을 상징한다. 루비의 붉은색은 부유함을 나타내면서 또한 성공을 뜻한다고 알려져 있다. 화려하고 강렬한 컬러인 만큼 새로운 사랑을 시작하는 예물로서 결혼을 준비하는 사람들

부유함과 성공을 의미하는 루비

에게 많은 사랑을 받고 있다.

사파이어는 지적인 느낌의 보석이다. 푸른 하늘을 상징하기도 하는데, 특히 영국 왕실의 전통적인 웨딩링으로서 많은 여성들의 로망이기도 한 보석이다. 신뢰감이 느껴지는 블루 빛깔이 평화로운 결혼 생활을 의미하는 것만 같다.

신뢰감이 느껴지는
블루 빛깔의 사파이어

에메랄드는 바라보기만 해도 마음의 평안이 느껴진다. 안정감을 주는 최고의 보석이 아닐까 싶은데, 그저 '예쁘다'는 말로는 부족할 정도로 매우 아름답다. 아름다운 신부의 모습이 느껴져 결혼예물로 더욱 사랑을 받는 것이 아닌가 싶다. 에메랄드는 고급스럽고 중후하며, 우아함을 지닌 보석이다.

앞에서 살펴본 이 네 가지 보석을 보통 4대 보석이라고 하는데, 서양에서는 주로 자수정까지 포함해 5대 보석이라고 한다. 중국에서는 '옥'을, 일본에서는 '진주'를 더해 5대 보석이라고 하는데, 우리나라도 일본과 마찬가지로 5대 보석에 '진주'를 더해 혼수로 준비하는 경우가 많다.

아름다운 신부의 모습을 닮은 에메랄드

진주는 '조개의 눈물'이라고 하여 슬픈 이미지 때문에 결혼하는 딸에게는 물려주지 않거나 몸에 지니지 못하게 하는 보석으로 여겨졌다. 그러나 시대가 흐르면서 인식도 변해 이제는 진주가 지닌 은은한 아름다움과 여성스러움 때문에 더 선호하는 예물이 되었다.

생각해 보면 진주는 참 신비한 보석이다. 왜냐하면 살아 있는 조개에서만 채취되기 때문이다. 그래서 진주는 '살아 있는 보석'이라고도 한다.

조개 속에 이물질이 들어가게 되면 껍질 속에 있는 조개가 이물질을 방어하기 위해 타액을 만들어 내게 되는데, 자신의 몸을 방어하기 위한 분비물인 이 타액이 굳어져 돌처럼 단단하게 변한 것이 바로 진주다. 조개가 이물질을 짧은 시간 동안 머금고 있었다면 작은 사이즈의 진주가, 오랫동안 머금고 있었다면 큰 사이즈의 진주가 탄생한다. 이렇게 분비물이 한 층 한 층 쌓여서 커진 진주에서는 흉내낼 수 없는 오묘한 광택이 난다. 기품 있는 진주의 광택은 착용하는 사람마저 기품 있게 하는 묘한 매력이 있다.

은은한 아름다움과
여성스러움이 돋보이는 진주

길이에 따른
진주 목걸이의 종류

콜라(Collar) 약 33cm

옷깃처럼 목에 딱 붙는 가장 짧은 길이로, 목 가운데 착용한다. 보통 3줄 이상 연결되어 있는 목걸이라서 화려해 보인다.

초커(Choker) 31~41cm

초커의 어원은 '목을 조르다'라는 뜻으로, 이름처럼 쇄골 위로 올라와 목에 딱 맞게 거는 목걸이 길이를 말한다. 레이어드 목걸이로 활용하기에 좋다.

프린세스(Princess) 41~48cm

쇄골라인이나 살짝 아래에 걸리는 길이로, 여유 있어 보인다. 팬던트를 같이하기 좋은 길이이다.

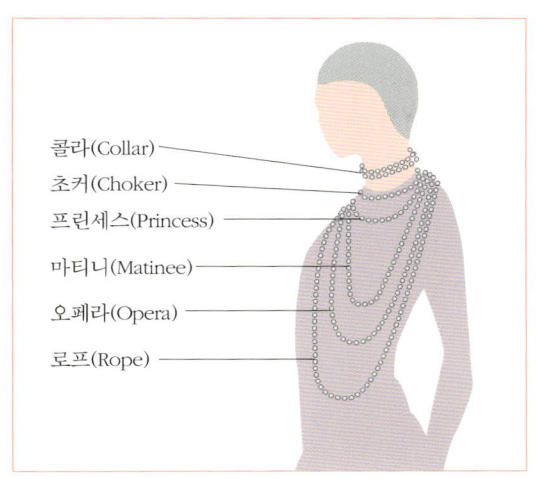

콜라(Collar)
초커(Choker)
프린세스(Princess)
마티니(Matinee)
오페라(Opera)
로프(Rope)

마티니(Matinee) 51~61cm

가슴까지 내려오는 길이로, 드레시한 느낌이 연출된다. 그러나 정반대로 캐쥬얼한 티셔츠에도 언밸런스하게 드레시한 느낌이 멋스럽고 괜찮을 듯싶다.

오페라(Opera) 71~86cm

가슴 높이에 오는 길이로, 진주 목걸이 중 '여왕'이라고 불린다. 툭하니 걸쳐도 멋진 드레시한 스타일이 완성된다.

로프(Rope) 96~114cm

긴 길이의 목걸이이다. 한 번 감으면 초커와 오페라 스타일로 코디할 수 있고, 두 번 감아서도 많이 사용한다.

열두 가지 탄생석

탄생석은 하늘의 뜻을 바라고 고대하던 고대부터 유래되었다고 전해 온다. 본격적으로 보편적, 상업적 의미로 목록이 채택된 것은 1950년대 미국 보석협회에 의한 것으로, 현재 국제적으로 통용되고 있다.

1월의 탄생석	가닛
2월의 탄생석	자수정
3월의 탄생석	아쿠아마린
4월의 탄생석	다이아몬드
5월의 탄생석	에메랄드
6월의 탄생석	진주
7월의 탄생석	루비
8월의 탄생석	페리도트
9월의 탄생석	사파이어
10월의 탄생석	오팔
11월의 탄생석	토파즈
12월의 탄생석	터키석

* 탄생석은 나라마다, 지역마다 조금은 다를 수 있다.

내가 고른 주얼리 하나,
말보다 더 강한
시그니처가 된다.

행운을 부르는 탄생석,
여러분 모두의 마음에 선물합니다

"탄생석을 그려 보면 어떨까?"

"보석마다 연상되는 디즈니 공주도 그려 볼까?"

그림을 통해 보석이 좀 더 쉽고 친근하게 느껴지길 바라는 마음으로 재미있게 기획해 온 시간이 어느덧 1년이 지났다.

방송을 통해 고객을 만나듯이, 때론 친구들에게 설명해 주듯이 편안한 글을 쓰고 열심히 그림을 그려 실었다.

바람이 있다면 이 책이 내 안의 매력, 내 안의 보석을 발견할 수 있는 여운이 되었으면 한다.

에필로그를 쓰는 지금 여러 생각이 앞서지만, 우선은 독자 여러분께 감사를 드린다. 그리고 특히 대원사출판사와 황병욱 팀장님, 화실 선생님, 주얼리 대표님들께 꼭 감사하다는 인사를 드리고 싶다. 끝으로, 만남의 축복을 허락해 주신 하나님과 우리 가족에게 뜨겁게 사랑한다고 수줍게 고백하며 글을 마친다.

"행운을 부르는 탄생석, 여러분 모두의 마음에 선물합니다."

이 책을 만드는 데 도움을 주신 곳

■ 황스젬
30년 넘게 대를 이어 '신뢰'를 경영 모토로 삼아온 보석 업체로, 국내외의 다양한 보석과 원석 및 나석을 판매하며, 보석을 이용한 다양한 프로젝트 협력·기획·생산을 하고 있다.

■ 지바인(G.BYIN)
1997년부터 다이아몬드의 아름다움을 널리 알려온 명성 있는 업체로, 최고의 품질과 전문적인 기술력을 바탕으로 감각적인 디자인을 선보이는 명품 주얼리 브랜드다.

■ JM 다이아몬드
가장 행복한 순간을 함께하는 JM 다이아몬드는 예비 부부에게 고품격 예물을 제안하고 제작하는 오더 메이드 웨딩 주얼리 브랜드로, 개개인의 감성에 맞춘 오더 메이드 주얼리를 위해 차원이 다른 컨설팅 서비스를 제공한다.